高等院校信息技术应用型规划教材

C语言
程序设计教程

闫 超 主编

姜海涛 黄宝贵 黄万丽 刘金星 秦 朋 副主编

清华大学出版社
北 京

内 容 简 介

本书是面向编程入门者的 C 语言教程,力图让读者掌握 C 语言的基本概念和语法,并具有一定的通过编写程序解决问题的能力。本书共 11 章,内容包括:程序与 C 语言,数据类型,运算符、表达式和语句,程序控制结构——选择结构,程序控制结构——循环结构,数组,指针与数组,函数,字符串,结构体和共用体以及文件操作。本书注重实用性,书中提供了大量的编程实例和编程练习题,旨在帮助读者养成良好的编程习惯,并锻炼学生的编程能力。

本书可作为高等院校计算机、电子信息等相关专业的教材,也可作为程序初学者的入门参考书。

图书在版编目(CIP)数据

C 语言程序设计教程/闫超主编. —北京:清华大学出版社,2019(2024.8 重印)
(高等院校信息技术应用型规划教材)
ISBN 978-7-302-53552-2

Ⅰ. ①C… Ⅱ. ①闫… Ⅲ. ①C 语言-程序设计-高等学校-教材 Ⅳ. ①TP312.8

中国版本图书馆 CIP 数据核字(2019)第 171513 号

责任编辑:杜 晓
封面设计:傅瑞学
责任校对:袁 芳
责任印制:宋 林

出版发行:清华大学出版社
  网 址:https://www.tup.com.cn,https://www.wqxuetang.com
  地 址:北京清华大学学研大厦 A 座   邮 编:100084
  社 总 机:010-83470000   邮 购:010-62786544
  投稿与读者服务:010-62776969,c-service@tup.tsinghua.edu.cn
  质量反馈:010-62772015,zhiliang@tup.tsinghua.edu.cn
  课件下载:https://www.tup.com.cn,010-83470410
印 装 者:三河市人民印务有限公司
经 销:全国新华书店
开 本:185mm×260mm 印 张:15.25 字 数:367 千字
版 次:2019 年 8 月第 1 版   印 次:2024 年 8 月第 3 次印刷
定 价:46.00 元

产品编号:083897-01

前　言

党的二十大报告提出，坚持创新在我国现代化建设全局中的核心地位，加快实现高水平科技自立自强，加快建设科技强国。习近平总书记也多次强调，核心技术是国之重器，强调只有把核心技术掌握在自己手中，才能真正掌握竞争和发展的主动权，才能从根本上保障国家经济安全、国防安全和其他安全。而在最为关键的基础软硬件核心技术方面，无论是处理器芯片的底层编程，还是自主操作系统的研发，C 语言都在其中扮演着不可或缺的角色。

C 语言是目前广泛使用的编程语言，也是公认的编程入门语言，很多高校都将其作为计算机专业学生学习的第一门程序设计语言。本书正是为编程入门者编写的一本 C 语言入门书。

要编写一本 C 语言的入门教程，编者认为应该遵循 3 个原则：①尽可能只介绍 C 语言常用的语法和概念，以使读者把握重点，尽快掌握 C 语言编程的基本技能；②尽可能从一开始就给读者展示具有良好编程风格的代码，以帮助读者在开始阶段就养成良好的编程习惯；③尽可能多地给读者接触代码的机会，无论是阅读代码还是编写代码，以培养其编程能力。

基于上述原则，本书编者经过反复斟酌，提炼了一些 C 语言中常用的知识点。为了让读者能尽早地编写程序，并通过编写程序来验证一些知识点，本书重新组织了知识点的顺序。另外，每个知识点都附有相应的示例代码。这些示例代码都由具有多年项目实践经验的教师编写，具有良好的编程风格，且所有代码均在 Code∷Blocks 中正确运行。

本书共分 11 章，具体如下。

第 1 章主要介绍计算机的结构，程序设计语言的概念、分类及其运行原理，以及 C 语言的发展历史、C 语言标准的概念等。

第 2、3 章主要介绍 C 语言的基本概念。其中，第 2 章主要介绍 C 语言中整型、实型和字符型三种基本数据类型的表示方法，各类型变量的定义以及格式化输入和输出的实现；第 3 章主要介绍算术、赋值、递增递减等常用运算符的使用，以及相应表达式的计算和使用规则。

第 4、5 章主要介绍选择和循环两种程序控制结构的实现方法，并通过多个实例对具体的代码编写方法进行了展示。

第 6、7 章主要介绍一维数组和二维数组的定义和使用方法,指针的概念与指针变量的定义,以及如何通过指针来操作数组,并详细阐述指针和数组的异同点。

第 8 章主要介绍函数的定义,如何通过定义函数来将复杂的任务分成小任务,函数调用时的参数传递的原理、参数包含指针或数组类型的函数的定义及地址传递的原理、变量的作用域、存储类别等。

第 9 章主要介绍字符串常量和变量的定义,以及针对字符串的操作的实现。通过一些常用字符串操作函数的模拟实现代码,介绍常用的字符串操作方法。

第 10、11 章主要介绍结构体和共用体的定义及其访问方法,以及常用的文件操作函数,并通过具体的实例演示其不同的使用方法。

本书由闫超担任主编并统稿,姜海涛、黄宝贵、黄万丽、刘金星、秦朋担任副主编。其中,第 1～6 章及附录由闫超编写,第 7 章由刘金星编写,第 8 章由秦朋编写,第 9 章由姜海涛编写,第 10 章由黄万丽编写,第 11 章由黄宝贵编写。在本书的编写过程中,王佳睿同学完成了本书大部分图片的绘制工作,王璇、管峥朝、许同杰、闫志强、王兴、胡海洋、周希军等同学完成了本书的多次校对工作,并对本书的结构提出了非常宝贵的建议。在本书编写的过程中我们牺牲了很多陪伴家人的时间,在此特别感谢教材编写组各位成员的家人的包容和支持。

由于编者水平有限,书中不足之处在所难免,恳请广大读者提出宝贵的意见,我们将不胜感激。

编　者

2023 年 5 月

目 录

第1章　程序与C语言 ……………………………………………………… 1
  1.1　冯·诺依曼计算机 …………………………………………………… 1
  1.2　程序设计语言 ……………………………………………………… 3
    1.2.1　机器语言 …………………………………………………… 3
    1.2.2　汇编语言 …………………………………………………… 4
    1.2.3　高级编程语言 ……………………………………………… 4
  1.3　C语言概述 ………………………………………………………… 5
    1.3.1　C语言的历史——从B到C ……………………………… 5
    1.3.2　C语言标准 ………………………………………………… 5
  1.4　C语言程序 ………………………………………………………… 7
    1.4.1　第一个C语言程序 ………………………………………… 7
    1.4.2　预处理、编译和链接 ……………………………………… 9
    1.4.3　在 Code∷Blocks 中编写C语言程序 …………………… 10
  1.5　本章小结 …………………………………………………………… 12
  练习题 …………………………………………………………………… 13

第2章　数据类型 ………………………………………………………… 15
  2.1　整型数据 …………………………………………………………… 16
    2.1.1　整型数据的表示 …………………………………………… 16
    2.1.2　C语言中的整数类型 ……………………………………… 17
    2.1.3　整型字面量 ………………………………………………… 18
    2.1.4　整型变量的声明 …………………………………………… 18
    2.1.5　整型数据的输入/输出 …………………………………… 20
  2.2　实型数据 …………………………………………………………… 24
    2.2.1　实数在计算机中的表示 …………………………………… 24
    2.2.2　浮点型字面量与变量 ……………………………………… 24
    2.2.3　浮点型数据的输入/输出 ………………………………… 25
  2.3　字符型数据 ………………………………………………………… 27
    2.3.1　字符型数据在计算机中的表示 …………………………… 27
    2.3.2　字符型字面量与字符变量 ………………………………… 27

2.3.3　字符型数据的输入/输出 ································ 29
2.4　命名常量 ·· 31
2.4.1　符号常量 ··· 31
2.4.2　const 限定符 ··· 32
2.5　本章小结 ·· 33
练习题 ·· 33

第3章　运算符、表达式和语句 ···································· 37
3.1　运算符和表达式 ·· 37
3.1.1　算术运算符和算术表达式 ······························· 37
3.1.2　运算符的优先级和结合性 ······························· 38
3.1.3　赋值运算符与表达式 ··································· 38
3.1.4　递增、递减运算符 ····································· 40
3.2　数据类型转换 ·· 41
3.2.1　数据类型的隐式转换 ··································· 41
3.2.2　强制类型转换运算符 ··································· 45
3.3　表达式语句 ·· 46
3.4　本章小结 ·· 47
练习题 ·· 48

第4章　程序控制结构——选择结构 ································ 51
4.1　关系表达式和逻辑表达式 ······································ 51
4.1.1　关系运算符与关系表达式 ······························· 51
4.1.2　逻辑运算符与逻辑表达式 ······························· 53
4.1.3　短路特性 ··· 56
4.2　if 语句 ··· 57
4.2.1　简单形式的 if 语句 ····································· 57
4.2.2　if-else 语句 ·· 61
4.2.3　条件运算符和条件表达式 ······························· 62
4.2.4　嵌套 if 语句 ·· 63
4.3　switch 语句 ··· 66
4.3.1　break 语句 ·· 68
4.3.2　多个 case 共享语句组 ··································· 69
4.4　本章小结 ·· 71
练习题 ·· 72

第5章　程序控制结构——循环结构 ································ 74
5.1　while 语句 ·· 74
5.1.1　引例 ··· 74

5.1.2 while 语句的使用 ······················· 75

5.2 for 语句 ······················· 79

5.2.1 使用 for 语句的注意事项 ······················· 81

5.2.2 逗号运算符 ······················· 82

5.2.3 应用实例 ······················· 83

5.3 do-while 语句 ······················· 85

5.4 break 和 continue 语句 ······················· 88

5.4.1 break 语句 ······················· 88

5.4.2 continue 语句 ······················· 90

5.5 循环嵌套 ······················· 91

5.6 本章小结 ······················· 94

练习题 ······················· 95

第 6 章 数组 ······················· 98

6.1 一维数组 ······················· 98

6.1.1 一维数组的定义 ······················· 98

6.1.2 一维数组初始化 ······················· 100

6.1.3 应用实例 ······················· 101

6.2 二维数组 ······················· 107

6.2.1 二维数组的定义与使用 ······················· 107

6.2.2 二维数组与一维数组 ······················· 108

6.2.3 二维数组初始化 ······················· 109

6.2.4 应用实例 ······················· 110

6.3 本章小结 ······················· 114

练习题 ······················· 114

第 7 章 指针与数组 ······················· 117

7.1 地址和指针 ······················· 117

7.1.1 地址 ······················· 117

7.1.2 指针 ······················· 117

7.2 指针运算 ······················· 118

7.2.1 间接寻址运算 ······················· 118

7.2.2 指针赋值运算 ······················· 119

7.2.3 指针算术运算 ······················· 120

7.3 指针与一维数组 ······················· 122

7.3.1 一维数组的地址 ······················· 122

7.3.2 指向一维数组的指针 ······················· 123

7.3.3 数组名与指向数组的变量 ······················· 127

7.4 指针与二维数组 ······················· 128

7.4.1 二维数组的地址 ·· 128

7.4.2 指向二维数组的指针变量 ··· 129

7.5 指针数组 ·· 132

7.6 本章小结 ·· 133

练习题 ·· 134

第8章 函数 ·· 136

8.1 函数的定义 ·· 136

8.1.1 什么是函数 ··· 136

8.1.2 函数的定义 ··· 137

8.1.3 return 语句 ··· 139

8.1.4 带参数的宏 ··· 139

8.2 函数调用 ·· 141

8.2.1 函数调用的一般形式 ·· 141

8.2.2 函数调用时的参数传递 ··· 143

8.2.3 函数声明 ·· 144

8.3 递归 ·· 146

8.4 数组和指针作函数参数 ··· 149

8.4.1 一维数组作函数参数 ·· 149

8.4.2 二维数组作函数参数 ·· 151

8.4.3 指针作函数参数 ·· 153

8.4.4 使用 const 关键字保护数据 ·· 155

8.4.5 指向函数的指针和返回指针的函数 ·· 155

8.5 局部变量与全局变量 ·· 156

8.5.1 局部变量 ·· 156

8.5.2 全局变量 ·· 157

8.5.3 作用域规则 ··· 159

8.6 变量的存储类别 ··· 160

8.6.1 auto ·· 160

8.6.2 register ··· 161

8.6.3 static ·· 161

8.6.4 extern ·· 163

8.7 本章小结 ·· 163

练习题 ·· 164

第9章 字符串 ·· 168

9.1 字符串常量 ·· 168

9.2 字符串变量 ·· 170

9.2.1 字符串变量的定义与初始化 ··· 170

　　　9.2.2　字符串的输出 ·· 171
　　　9.2.3　字符数组与字符指针 ····································· 173
　9.3　字符串的输入 ·· 174
　　　9.3.1　使用 scanf()函数读取字符串 ························· 174
　　　9.3.2　使用 gets()函数读取字符串 ·························· 175
　　　9.3.3　使用 fgets()函数读取字符串 ························· 176
　　　9.3.4　逐个字符的方式读取字符串 ························· 177
　9.4　常用字符串处理函数 ··· 178
　　　9.4.1　strlen()函数 ·· 178
　　　9.4.2　strcpy()函数和 strncpy()函数 ····················· 179
　　　9.4.3　strcat()函数 ··· 181
　　　9.4.4　strcmp()函数 ·· 183
　　　9.4.5　sprintf()函数 ·· 184
　9.5　字符串数组 ·· 184
　9.6　本章小结 ··· 186
　练习题 ··· 187

第10章　结构体和共用体 ··· 190
　10.1　结构体类型与结构体变量 ·· 190
　　　10.1.1　结构体类型的定义 ···································· 190
　　　10.1.2　结构体变量的定义 ···································· 191
　　　10.1.3　用 typedef 为结构体类型定义别名 ············· 193
　　　10.1.4　结构体变量的引用和初始化 ····················· 194
　10.2　结构体数组 ·· 196
　　　10.2.1　结构体数组的定义 ···································· 196
　　　10.2.2　结构体数组的初始化 ································· 197
　10.3　结构体类型指针 ·· 198
　　　10.3.1　指向结构体变量的指针 ···························· 199
　　　10.3.2　指向结构体数组的指针 ···························· 200
　10.4　结构体与函数 ·· 202
　　　10.4.1　结构体变量的成员作函数参数 ··················· 202
　　　10.4.2　结构体变量作函数参数 ···························· 203
　　　10.4.3　指向结构体的指针作函数参数 ··················· 204
　10.5　共用体 ··· 206
　　　10.5.1　共用体类型和变量的定义 ························· 206
　　　10.5.2　共用体变量的初始化和引用 ····················· 207
　10.6　本章小结 ·· 207

练习题 ·· 208

第 11 章　文件操作 ··· 211

　　11.1　文件概述 ·· 211

　　　　11.1.1　文件的概念 ·· 211

　　　　11.1.2　数据文件的存储形式 ·· 211

　　　　11.1.3　文件指针 ·· 212

　　11.2　文件的打开与关闭 ·· 212

　　　　11.2.1　打开文件 ·· 212

　　　　11.2.2　关闭文件 ·· 214

　　11.3　文本文件的读/写 ·· 214

　　　　11.3.1　读单字符函数 fgetc() ·· 214

　　　　11.3.2　写单字符函数 fputc() ·· 215

　　　　11.3.3　读字符串函数 fgets() ·· 216

　　　　11.3.4　写字符串函数 fputs() ·· 217

　　11.4　二进制文件的读/写 ·· 217

　　　　11.4.1　读数据块函数 fread() ·· 217

　　　　11.4.2　写数据块函数 fwrite() ·· 218

　　11.5　文件的格式化读/写 ·· 219

　　　　11.5.1　格式化文件读函数 fscanf() ·· 219

　　　　11.5.2　格式化文件写函数 fprintf()函数 ·· 220

　　11.6　文件的随机读/写 ·· 221

　　11.7　本章小结 ·· 223

　　练习题 ·· 224

参考文献 ··· 228

附录 1　ASCII 码表 ·· 229

附录 2　C 语言的运算符优先级 ·· 230

附录 3　CodeBlocks 中常用的快捷键 ·· 232

第 1 章　程序与C语言

现代计算机将所有在其上运行的操作都看作运算。那么什么是计算？尽管不同的领域对计算的定义有不同的解释，但从计算机的角度来看，所谓计算就是计算机运行程序，读入一些输入，最后产生一些输出的过程。这一过程需要以下三个基本要素。

（1）一台机器，能够执行计算。

（2）一种语言，用来编写这台机器能够理解的指令。

（3）一个程序，用这种语言编写，描述机器应该具体执行哪些计算。

本章将从这三个方面展开讨论。1.1 节介绍现代计算机的基本结构；1.2 节讨论程序设计语言的分类；1.3 节介绍 C 语言的发展历史以及 C 语言标准的概念；1.4 节详细介绍如何编写并运行第一个 C 语言程序；1.5 节是对本章的知识点进行总结。

1.1　冯·诺依曼计算机

1946 年 2 月 15 日，由美国陆军资助，宾夕法尼亚大学莫尔电气工程学院设计和建造的世界上第一台电子计算机 ENIAC（Electronic Numerical Integrator And Computer，电子数字积分计算机）正式投入使用，这标志着人类正式进入电子计算机时代。然而，被誉为"计算机之父"的约翰·冯·诺依曼（John von Neumann，1903—1957）（见图 1-1）并没有参与这台计算机的设计与构造，那么为什么冯·诺依曼被称为"计算机之父"呢？

图 1-1　约翰·冯·诺依曼

尽管 ENIAC 被称为人类历史上第一台电子计算机，但是它的结构和现代计算机并不一样，比如 ENIAC 采用十进制进行数据的表示和存储；并没有存储器，程序预先内置在机器中等。早在 ENIAC 投入使用之前，另一台计算机——EDVAC（Electronic Discrete Variable Automatic Computer，离散变量自动电子计算机）的设计工作就已经开始。1945 年 6 月，约翰·冯·诺依曼撰写了 *First Draft of a Report on the EDVAC*（《EDVAC 报告书的第一份草案》），提出了使用存储程序概念的计算机逻辑结构，即冯·诺依曼结构。采用冯·诺依曼结构实现的计算机称为冯·诺依曼计算机，我们现在使用的计算机仍然是冯·诺依曼计算机。

冯·诺依曼结构的主要特点可以概括为以下几个方面。

（1）以运算单元为中心。

（2）采用存储程序原理，将数据和程序以同等地位预先存放在存储器中。程序开始执行时,机器可从存储器中读取指令和数据,进而实现程序的自动执行。

（3）存储器是按地址访问线性编址的空间。

（4）控制流由指令流构成。

（5）指令由操作码和地址码组成。

（6）采用二进制对数据和指令进行编码。

下面详细介绍冯·诺依曼结构的实现思想。

1. 冯·诺依曼结构

为了实现存储程序的思想,冯·诺依曼将计算机分为运算器(Arithmetic Unit)、控制器(Control Unit)、存储器(Memory)、输入设备(Input)和输出设备(Output)五大部件。其中,运算器负责执行算术运算和逻辑运算。控制器负责读取、解释并执行指令。在现代计算机中,运算器和控制器被集成到了一个芯片,统称为中央处理器(Central Processing Unit,CPU,以后简称为处理器)。存储器负责存储指令和数据;输入设备负责将程序和指令输入计算机;输出设备负责将运算结果输出到指定的设备。

早期的计算机以运算器为中心,其基本结构如图 1-2(a)所示。目前的计算机已将运算器和控制器集成到 CPU 芯片中,而且为了解决输入/输出设备与处理器运算速度的不匹配问题,采用的是以存储器为中心的逻辑结构,如图 1-2(b)所示。

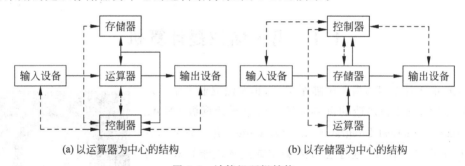

(a) 以运算器为中心的结构　　　　(b) 以存储器为中心的结构

图 1-2　计算机逻辑结构

2. 存储器的逻辑结构

现代计算机的存储器分为内存储器和外存储器。其中内存器包括寄存器、高速缓冲存储器(Cache)和主存储器。寄存器和高速缓冲存储器制作在处理器芯片内,而主存储器即我们常说的"内存条",插在主板的内存插槽中。外存储器则包括硬盘、U 盘、光盘等外部存储介质。冯·诺依曼结构中的存储器主要指主存储器,这里也只讨论主存储器(以下简称内存)的逻辑结构。

在冯·诺依曼计算机中,所有准备运行的程序和数据都要先放入内存中。内存是按地址访问的线性空间,如图 1-3 所示。图中每格对应一个存储单元,一个存储单元可以存放一个字节。每个字节包含 8 个二进制位,即一个长度为 8 的"01"串。每格内的"01"串即是存储在内存中的数据或指令。每个存储单元都有一个编号,这个编号通常称为地址。

	1	2	3	4	
…	00001010	01000010	00001001	00001011	…

图 1-3　内存线性空间

如果把存储器看作一栋宿舍楼,则每个宿舍都是一个存储单元,宿舍的房间号即是每个存储单元的地址,只要知道房间号就可以找到我们想要的宿舍。这种按地址访问的存储器又称为随机访问存储器(Random Access Memory,RAM)。

3. 程序自动执行的原理

程序即指令的序列。将程序存入存储器是实现程序自动执行的基础。和数据一样,程序的每条指令在内存中都有一个地址,程序的第一条指令的地址通常称为程序的入口地址。在现代计算机中,程序通常存储在外部存储器如硬盘中。当要启动一个程序时,系统通常会先将程序从外存加载到内存,然后将第一条指令在内存中的地址存入 CPU 的指令计数器中。指令计数器又称为程序计数器(Program Counter,PC),是处理器中的一个寄存器,它存储的是当前正在执行的指令的地址。当执行一条指令时,处理器首先根据 PC 中存放的指令地址,将指令由内存取到指令寄存器,同时将 PC 中的指令地址自动加 1 或由转移指针给出下一条指令的地址;然后解释并执行该指令,这个过程称为一个指令的执行周期。执行完一条指令后,处理器继续根据 PC 中的指令地址取指令,进入下一个指令执行周期,直到执行完所有的指令。

1.2 程序设计语言

1.2.1 机器语言

在冯·诺依曼结构中,计算是通过逐条执行程序员编写的指令实现的。指令是计算机操作的最小单位,每条指令都由相应的数字电路实现。每条指令通常由一个操作码和零或多个操作数组成,操作数可以为内存地址、寄存器编号或具体的数值,如图 1-4 所示。

图 1-4 指令结构

处理器(包括运算器和控制器)支持的所有指令的集合统称为指令集。也许是为了与现代计算机的编程语言在命名上保持一致,这些指令的集合也称为机器语言,用机器语言编写的程序称为机器码(Machine Code)。

机器码是处理器唯一能执行的程序,其他程序需要经过汇编、编译等操作转化为机器码才能由处理器执行。因此,机器语言具有灵活、执行速度快等优点。然而,机器语言的缺点也非常明显。

(1)由于完全依赖于机器的指令集,如果两台机器的指令集不同,那么在一台机器上编写的程序可能无法在另一台机器上运行。因此,机器语言编写的程序可移植性差。

(2)机器语言编写的程序是由 0、1 组成的二进制串,可读性差且容易出错,对程序员也不"友好"。

1.2.2　汇编语言

汇编语言(Assembly Language,ASM)是在机器语言的基础上诞生的一门语言,它将每条机器指令或者操作码用助记符表示,这从一定程度上提高了代码的可读性,以及程序开发的效率。

1949 年 5 月,世界上第一台投入运行的存储程序式电子计算机电子延迟存储自动计算器(Electronic Delay Storage Automatic Calculator,EDSAC)正式运行。EDSAC 将每条指令用一个单字母的助记符表示,并采用一个汇编器(Assembler)将这些助记符翻译成相应的机器指令,这些单字母的助记符可以称为现代汇编语言的雏形。

1955 年,Stan Poley 为 IBM 650 开发的符号优化汇编程序(Symbolic Optimal Assembly Program,SOAP),这是真正意义上的第一个汇编程序。为 IBM 704 计算机开发的符号汇编程序(Symbolic Assembly Program,SAP)是汇编程序发展中的一个重要里程碑,后续的汇编程序基本上都是以 SAP 为蓝本开发的,其主要特性至今未发生本质的变化。

通常每条汇编指令都对应一条机器指令。假定将加法运算的操作码用 ADD 表示,1 号寄存器用 AX 表示,2 号寄存器用 BX 表示,那么将 1 号和 2 号寄存器中数据进行相加运算的二进制指令对应的汇编指令为"ADD AX, BX"。很明显,后者的可读性和可维护性要比前者好很多。

汇编语言是面向程序员而非面向计算机的语言。计算机能识别的语言只有机器语言,因此,要想让汇编语言编写的程序在计算机中正确执行,需要先通过汇编器将汇编程序"翻译"成机器码。

汇编语言具有体积小、运行速度快、可靠性高等优点。在高级语言出现之前,汇编语言一度得到了广泛的使用,当时有很多大型的程序,如 Lotus 1-2-3、IBM PC DOS 操作系统等,都是用汇编语言开发的。

与机器语言一样,汇编语言依赖于计算机的指令系统,因此可移植性不高。另外,受其复杂性的限制,与高级语言相比,汇编语言的开发效率、可维护性比较低。因此,随着各类高级语言的出现,汇编语言的适用领域逐步减少。然而,在一些对于时效性要求很高的领域,如一些大型程序的核心模型以及工业控制等方面,汇编语言仍然被大量使用。

1.2.3　高级编程语言

机器语言和汇编语言都是面向底层硬件、以内存和寄存器为中心的语言。程序员需要将实际的计算过程分解成一条条机器指令,这极大地增加了程序开发的复杂性,降低了程序开发的效率,也从一定程度上限制了程序的规模。

1957 年,为了满足日益增加的数值计算的需求,IBM 公司推出世界上第一种高级编程语言——Fortran。Fortran 是公式翻译(Formula Translation)的缩写。Fortran 语言大大简化了程序的代码,提高了编程的效率,并且为后续很多高级语言的开发提供了重要参考。

高级语言是对汇编语言的进一步抽象,它更接近于人类使用的自然语言。例如,求两个数的最大值的 C 语言代码如下。

```
if (a > b)
    max = a;
else
    max = b;
```

不难看出,高级语言更接近于人类的自然语言描述。但需要注意,计算机能识别的只有机器语言,因此,用高级语言编写的程序是需要经过专门的编译或解释程序翻译成机器码才能在计算机上执行的。

1.3 C 语言概述

1.3.1 C 语言的历史——从 B 到 C

C 语言的诞生与 UNIX 操作系统密切相关。20 世纪 60 年代,美国 AT&T 公司贝尔实验室的研究员 Ken Thompson 为了能在 PDP-7 计算机上运行他自己编写的游戏 Space Travel,决定开发一个操作系统,即后来鼎鼎大名的 UNIX 操作系统。和同时代的其他操作系统一样,UNIX 的第一个版本也是用汇编语言开发的。但随着系统功能的增加,汇编程序难以调试和维护的缺点越来越明显。Thompson 意识到需要采用高级编程语言来重写 UNIX 操作系统。

Thompson 修改了剑桥大学 Martin Richards 设计的 BCPL 语言,将其命名为 B 语言,意思是精简版的 BCPL。不久,Dennis Ritchie 也加入了编写 UNIX 项目,并且同 Thompson 一起用 B 语言重写了部分 UNIX 系统的代码。1970 年,Thompson 和 Ritchie 着手将 UNIX 操作系统移植到 PDP-11 计算机上,他们很快发现 B 语言并不适合在 PDP-11 计算机上进行开发。于是,Ritchie 开发了 B 语言的升级版。最初,Ritchie 将新开发的语言命名为 NB(New B)语言,但随着新语言的不断发展,新语言与 B 语言越来越不同,于是他将新语言改名为 C 语言。

1973 年年初,C 语言已经足够稳定。Thompson 和 Ritchie 用 C 语言重写了 UNIX 操作系统。很快,C 语言强大的可移植性得以显现。只要为相应的计算机编写了 C 语言编译器,就可以在这台计算机上运行 UNIX 操作系统。从那时起,从最小的微型计算机到 CRAY-2 超级计算机,C 语言得到了广泛的使用。

尽管高级编程语言门类繁多,但称 C 语言为影响最大的语言绝不为过。图 1-5 所示为全球知名的编程语言排行榜 TIOBE 发布的 2019 年 2 月编程语言的 TIOBE 指数排行榜,图 1-6 所示为从 2001 年 1 月以来近 19 年的各类编程语言受欢迎程度趋势图。不难看出,即使到 40 多年后的今天,C 语言仍然被广泛使用。

1.3.2 C 语言标准

1978 年,Brain Kernighan 和 Dennis Ritchie 合作出版了 *The C Programming Language* 一书。该书迅速成为 C 语言程序员必读的"圣经",由于当时还没有出现 C 语言的标准,这本书则

Feb 2019	Feb 2018	Change	Programming Language	Ratings
1	1		Java	15.876%
2	2		C	12.424%
3	4	∧	Python	7.574%
4	3	∨	C++	7.444%
5	6	∧	Visual Basic .NET	7.095%
6	8	∧	JavaScript	2.848%
7	5	∨	C#	2.846%
8	7	∨	PHP	2.271%
9	11	∧	SQL	1.900%
10	20	∧	Objective-C	1.447%

图 1-5　2019 年 2 月编程语言 TIOBE 指数排行榜

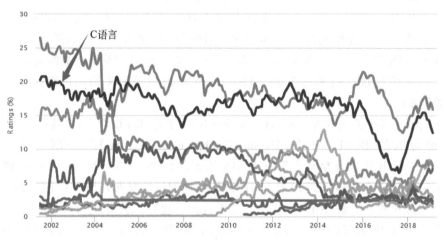

图 1-6　TIOBE 编程指数趋势图(截至 2019 年 2 月)

成为事实上的 C 语言标准,人们称之为 K&R 或"白皮书"。

随着 C 语言的迅速普及,一系列的问题也接踵而至。我们知道,计算机只能识别它所支持的机器码,高级编程语言要想在计算机上执行必须通过编译器程序将其"翻译"成机器码才能执行。由于程序员在编写 C 语言编译器时都用 K&R 作为参考,而 K&R 中对于某些语言特性的描述却非常模糊,因此,不同的编译器通常会对这些语言特性进行不同的处理。另外,K&R 出版后的 C 语言仍在不断地改进,这导致在一个编译器上运行的程序不能在另一个版本的编译器上运行,极大地降低了 C 语言的可移植性。

1983 年,美国国家标准协会(American National Standards Institute,ANSI)成立了 C 语言标准委员会,着手制定 C 语言的标准。1989 年,ANSI 发布了第一个完整的 C 语言标准——ANSI X3.159-1989,后简称 C89,又称 ANSI C。

1990 年,国际标准化组织(International Organization for Standardization,ISO)和国际电工委员会(International Electrotechnical Commission,IEC)将 C89 标准定为 C 语言的国际标准,命名为 ISO/IEC 9899:1990,有人将这个标准称为 C90。事实上,此标准与 C89 标

准完全一样。

1995 年,C 语言发生了一些改变。1999 年通过的 ISO/IEC 9899:1999 标准包含了一些更重要的改变,这一标准简称为 C99 标准。这是 C 语言的第二个官方标准。2011 年 12 月 8 日,C 标准委员会又发布了 C 语言的第三个官方标准——ISO/IEC 9899:2011,简称为 C11。

需要说明的是,C11 标准目前并没有得到普遍使用。事实上,目前仍然有很多编译器并没有完全实现 C99 标准。因此,本书将重点讲述 C89 标准以及一些目前广泛使用的 C99 标准中的新特性。

1.4 C 语言程序

C 语言的应用领域

1.4.1 第一个 C 语言程序

接下来看一个简单的 C 语言程序的一般形式。先从一个最简单的 C 语言程序开始——在屏幕上打印出"Hello World!"几个字符。在 C 语言中,可以使用程序清单 1-1 中的代码来实现。

程序清单 1-1

```
1    /*Filename: hello.c
2      Author: YanChao
3    */
4    #include <stdio.h>
5    int main()
6    {
7        //调用函数输出字符串
8        printf("Hello World!");
9        return 0;
10   }
```

在解释上述代码之前,首先进行如下说明:语言均具有一定的语法规则,程序设计语言也不例外。与自然语言不同,程序设计语言的规定更为严格。例如,上述代码中的#、()、{}等均不能省略,printf 语句也不能随意换行,否则程序将无法执行。

需要特别注意的是,C 程序严格区分代码的大小写形式。例如,在上述程序代码中,main 不能写成 MAIN、Main 等形式。

1. 注释

程序中,第 1 行的/ ＊和第 3 行的 ＊ /之间包含的内容,以及第 7 行//后的一整行内容均称作注释。注释是对代码的说明,它一般分为序言性注释和功能性注释。序言性注释通常放在程序的开始处,用于说明程序的名称、功能、设计思想、版本、设计者等信息,如代码第 1～3 行所示;功能性注释通常放在程序代码的内部,用于说明关键数据、语句、控制结构的含义和作用,如代码第 7 行所示。

本例中包含了两种注释风格。第1～3行所示的是传统的 C 语言注释方式。/＊表示注释的开始,＊/表示注释的结束,因为注释的内容可以包含多行,这种注释通常被称作多行注释。

第 7 行所示以//开始的注释风格是在 C99 标准中新增的,注释的内容包括从双斜杠开始,到行末自动终止,因此它又被称为单行注释。

为程序适当增加一些注释是一种良好的程序设计习惯。注释可以提高程序的可读性,同时便于程序的维护。注释不影响程序的执行,注释只存在于源程序中。源程序在编译时,编译器会自动忽略这些注释。

提示:

(1) /＊与＊/必须成对出现,否则可能会出现一些预料之外的错误,例如,以下代码执行时你会发现程序只输出了"Hello "字符串。

```
printf("Hello "); /*print the first word,
printf("C ");
printf("Language"); /*print the third word */
```

这是由于第一个注释我们漏掉了 ＊/,因此注释的内容从/＊开始,一直到第一个出现 ＊/结束,也就是说 printf("C")和 printf("Language")两个语句都成了注释的内容。

(2) /＊…＊/不能嵌套,如/＊This is /＊…＊/ style comments ＊/在编译时会报错。因为编译器在读入源程序时如果遇到/＊,那么编译器会读入(并且忽略)后续的内容,直到遇到＊/为止。因此上例中的第二个/＊会被认为是注释的内容,而第一个出现的＊/会被认为是注释的结束。因此第一个 ＊/后面的内容,即 style comments ＊/会被认为是程序代码。

2. 预处理指令

代码第 4 行是一条预处理指令。C 语言通过预处理器在编译之前扫描源代码,完成头文件的包含、条件编译和行控制等操作。C 语言中所有的预处理指令都以♯开始,默认情况下每个预处理指令只占一行,每条指令的结尾没有分号或其他特殊标记。

♯include 是文件包含指令,代码中这条指令的意思是将 stdio.h 文件中的内容"包含"到程序中。stdio.h 文件中定义了 C 语言的标准输入/输出库(Standard Input/Output)的一些信息。标准输入/输出库中封装了一些输入/输出函数,程序员只需通过调用这些函数即可实现输入/输出功能。除标准输入/输出库外,C 语言将一些常用的功能封装在其他标准库中,如数学库、字符串库等,程序员在使用这些标准库的函数也需要通过♯include 指令包含相应的头文件,如♯include＜math.h＞。

3. main()函数

代码第 5 行定义了一个 main()函数。函数(Function)是 C 程序的基本组成单位。main()函数是一个特殊的函数,又称为入口函数。一个标准的 C 程序总是从 main()函数开始执行。因此,一个标准的 C 程序必须有且只能有一个 main()函数。

main()前面的 int 表明该函数返回一个整数值,圆括号是必需的,即使里面没有任何内容。一个空的括号表示 main()函数不接收任何参数。大括号(｛｝)内的语句称为函数体(Body),定义了 main()函数要实现哪些功能。除了 main()函数之外,一个 C 程序可以定义多个函数,关于函数的概念将在第 8 章进行详细的论述。但在详细讨论函数之前,我们编写的所有程序都只定义一个 main() 函数,它们一般都具有如下形式。

```
预处理指令
int main(){
    语句
}
```

4. 语句

语句(Statement)是程序运行时执行的命令。语句通常出现在函数体内,一个函数的执行过程就是依次执行函数体内语句的过程,这些语句共同实现了函数的功能。C 语言规定每条语句都必须以分号结尾(复合语句除外)。关于语句的内容将在第 3 章进行详细的介绍。

代码第 8 行是一个函数调用语句,通过调用标准输入/输出库中的 printf() 函数实现在屏幕上打印"Hello World!"字符串的功能。

代码第 9 行是一个 return 语句,该语句实现了两个功能:一是终止 main() 函数的执行;二是指定 main() 函数的返回值为 0。

1.4.2 预处理、编译和链接

用 C 语言编写的代码称为源代码(Source Code),源代码通常以文本格式存储。C 语言程序的文件名通常以 .c 作为扩展名(一些头文件会以 .h 作为扩展名,这里先不做讨论),如 hello.c。C 语言源程序并不能直接执行,需要经过预处理(Preprocess)、编译(Compile)、链接(Link),将程序转换为机器指令后才能在计算机上运行,具体流程如图 1-7 所示。

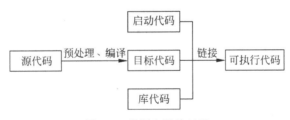

图 1-7 编译和链接过程

1. 预处理阶段

预处理操作由预处理器(Preprocessor)完成,主要进行一些特殊字符、空格、注释等信息的处理,并根据相应的预处理指令执行相应的操作。预处理器不是编译器的组成部分,但它是编译过程中的一个单独的步骤。

2. 编译阶段

编译阶段由编译器(Compiler)将经过预处理的代码转换成目标代码(Objective Code),目标代码文件的扩展名为 .obj。目标代码包含机器指令,但它还不是一个完整的程序,因此不能运行。

3. 链接阶段

目标程序不是一个完整的程序,有以下两点原因:①它缺少在操作系统上运行所必需的启动代码(Start-up Code)。启动代码相当于 C 程序和操作系统之间的接口,它使同一个

C程序可以在不同的操作系统上运行。②它缺少在程序中调用的标准库函数的实现。这些标准库函数的实现被存放在称为"库"的文件中,要想使程序能够正常执行,需要将这些库函数的实现代码提取出来并"合并"到目标代码里。链接器(Linker)负责将目标代码、启动代码和库代码合并成一个可执行文件(Executable File)。在 Windows 操作系统中,可执行文件的扩展名通常为.exe。

1.4.3　在 Code∷Blocks 中编写 C 语言程序

本书中所有的程序都是在 Code∷Blocks 中编写并运行的。Code∷Blocks 是一款开源、免费、跨平台的集成开发环境(Integrated Development Environment,IDE),它集成了C/C++编辑器、编译器和调试器,可以方便地编辑、调试和编译 C 语言程序。这里着重介绍如何使用 Code∷Blocks 编写并运行程序清单 1-1 中的程序。

在 Code∷Blocks 下编写和运行 C 程序的步骤如下。

(1) 启动和运行 Code∷Blocks。在开始菜单中找到 CodeBlocks 选项并单击或者双击桌面上的快捷方式图标即可打开 Code∷Blocks。Code∷Blocks 的程序界面如图 1-8 所示。

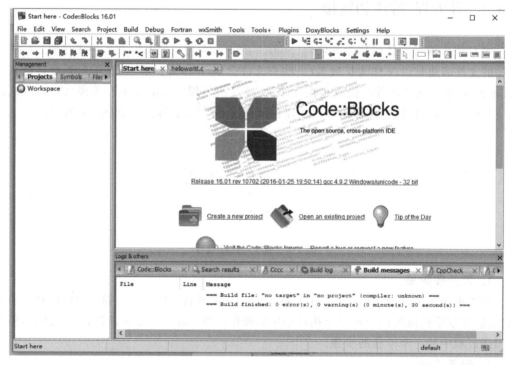

图 1-8　Code∷Blocks 程序界面

(2) 执行 New→Empty file 命令,如图 1-9 所示。

(3) 保存文件。由于在 Code∷Blocks 中只有保存之后,代码才会高亮显示(有效),所以在进行代码编写之前,先进行文件的保存操作,可以执行 File→Save file 命令进行保存,或者按 Ctrl+S 组合键进行保存。在修改文件的名字时,注意加上扩展名.c,并且尽可能地不要使用中文,如图 1-10 所示。

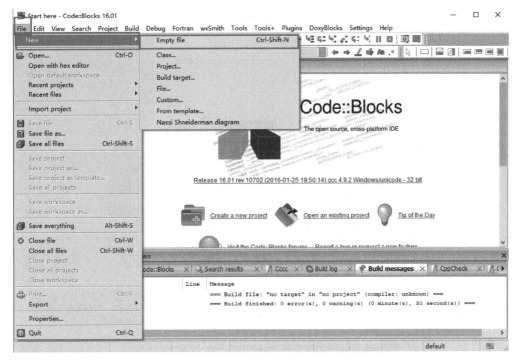

图 1-9　新建文件

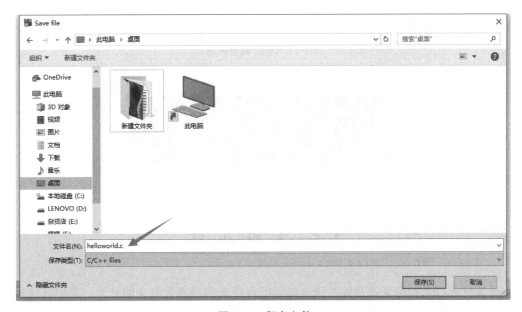

图 1-10　保存文件

（4）编写和运行程序。在窗口中编写程序以输出"Hello World!"，如图 1-11 所示。

（5）单击工具栏中的 Build and run 按钮（见图 1-12）运行，或按 F9 键，若提示 Build finished：0 error(s)，0 warning(s)（见图 1-13），则说明程序没有错误。运行结果如图 1-14 所示。

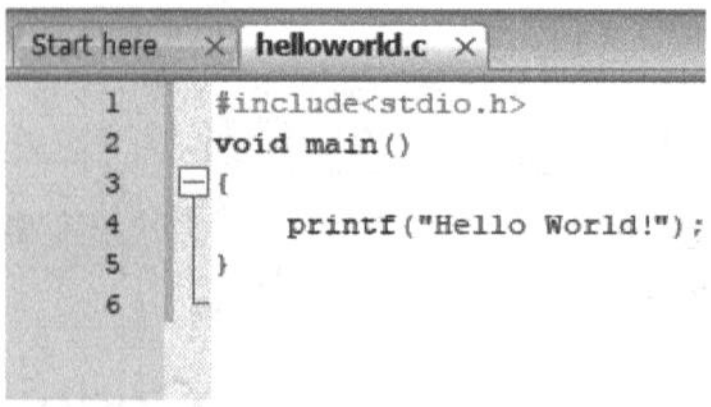

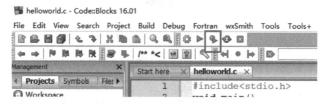

图 1-11　helloworld 程序

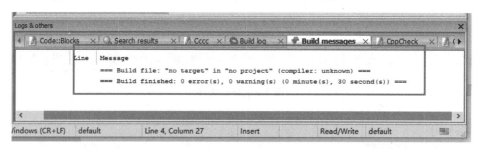

图 1-12　编译运行按钮

图 1-13　输出编译信息

图 1-14　程序运行结果

1.5　本章小结

计算机通过运行采用某种编程语言编写的程序来实现各类复杂的计算。我们现代使用的计算机采用的是冯·诺依曼结构,因此又称作冯·诺依曼计算机。冯·诺依曼结构的核心是存储程序原理,它使程序的自动执行成为可能。

计算是通过逐条执行程序员编写的指令实现的,计算机定义的机器指令称为机器语言;汇编语言将每条机器指令用助记符表示,从而提高了程序的可读性和可维护性。高级编程语言是更接近人类自然语言的一门编程语言,它的出现极大地提高了代码的可读性和可维护性,人们现在使用的编程语言基本上都属于高级编程语言。

C语言是所有编程语言中影响较大的一门语言,至今仍得到广泛的使用。在C语言不断地发展过程中,出现了C89、C99、C11等标准,新标准增加了新的特性,也删除了一些旧的特性,在编写程序时一定要先明确编译器支持的标准。

用C语言编写的程序称为源代码。源代码不能在计算机上执行,需要经过预处理、编译和链接三个阶段的处理,才能生成可在计算机上运行的可执行程序。

练 习 题

一、选择题

1. 以下叙述中错误的是( )。

    A. C语言源程序经编译后生成扩展名为.obj的目标程序

    B. C程序经过编译、链接步骤之后才能形成一个真正可执行的二进制机器指令文件

    C. 用C语言编写的程序称为源程序,它以ASCII代码形式存放在一个文本文件中

    D. C程序中的每条可执行语句和非执行语句最终都将被转换成二进制的机器指令

2. 以下叙述中错误的是( )。

    A. 计算机不能直接执行用C语言编写的源程序

    B. C程序经C语言编译程序后,生成扩展名为.obj的文件是一个二进制文件

    C. 扩展名为.obj的文件,经链接程序生成扩展名为.exe的文件是一个二进制文件

    D. 扩展名为.obj和.exe的二进制文件都可以直接运行

3. 对于一个正常运行的C程序,以下叙述中正确的是( )。

    A. 程序的执行总是从main()函数开始,在main()函数结束

    B. 程序的执行总是从程序的第一个函数开始,在main()函数结束

    C. 程序的执行总是从main()函数开始,在程序的最后一个函数中结束

    D. 程序的执行总是从程序中的第一个函数开始,在程序的最后一个函数中结束

4. C语言源程序名的扩展名是( )。

    A. .exe   B. .c   C. .obj   D. .cp

5. 计算机能直接执行的程序是( )。

    A. 源程序   B. 目标程序   C. 汇编程序   D. 可执行程序

6. 以下叙述中正确的是( )。

    A. C语言程序将从源程序的第一个函数开始执行

    B. 可以在程序中由用户指定任意一个函数作为主函数,程序将从此开始执行

    C. C语言规定必须用main作为主函数名,程序将从此开始执行,在此结束

    D. main可作为用户标识符,用以命名任意一个函数作为主函数

7. 以下叙述中正确的是( )。

    A. C程序中的注释只能出现在程序的开始位置和语句的后面

    B. C程序书写格式严格,要求一行内只能写一个语句

    C. C程序书写格式自由,一个语句可以写在多行上

    D. 用C语言编写的程序只能放在一个程序文件中

8. 以下叙述中正确的是( )。

    A. C 程序的基本组成单位是语句   B. C 程序中的每一行只能写一条语句

    C. 简单的 C 程序语句必须以分号结束   D. C 程序中的语句必须在一行内写完

二、编程题

1. 输入以下程序代码并尝试进行编译,看出现什么错误提示,思考其原因。

```
#include <stdio.h>
main()
    {
        /*/*programming */*/
        printf("programming!\n");
}
```

2. 根据本章学习的例子,编写程序输出如图 1-15 中的图形。

```
* * * * * * * * * * * * * *
*                         *
*                         *
*                         *
*                         *
* * * * * * * * * * * * * *
```

图 1-15　编程题 2 图

第2章 数据类型

计算机中所有的数据都采用二进制的形式来进行表示和存储。计算机的硬件系统中并没有数据类型的概念,它将所有的数据平等对待。然而在实际运算中,不同数据(如整数、实数和字符等)可以进行的操作是不同的,如只有整数才能进行求余操作等;另外,不同大小的整数、不同精度的小数在表示和存储的时候所占的二进制位数也是不同的。因此,为了提高数据表示和处理的效率,大部分高级语言都引入了数据类型(简称"类型")的概念来约束数据的取值范围以及可以进行的操作等。同一类型数据所占的二进制位数相同,表示的方式和可以进行的操作也相同。C语言中定义的数据类型如图2-1所示。

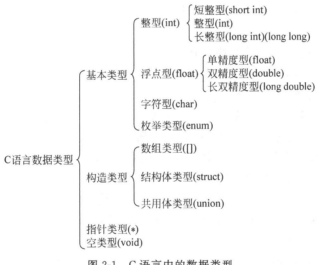

图 2-1　C语言中的数据类型

某一类型数据在内存中存储时所占的二进制位数又称为该类型数据的长度。需要说明的是,由于计算机存取数据的基本单位是字节,因此所有数据类型的数所占的二进制位数一定是8的倍数。因此,计算机领域通常用"占几个字节"来度量某一类型数据所占内存空间。某一类型数据在计算机中的长度及其表示方式直接决定了该类型数据的取值范围。

本章重点讨论整型、浮点型和字符型三种基本数据类型的常量。2.1节介绍整型数据在计算机中的存储和表示形式、整型变量的定义及其输入/输出实现;2.2节介绍实型(real)数据的存储和表示形式、float 和 double 类型变量的定义及其输入/输出实现;2.3节介绍字符型数据的存储和表示,字符常量和变量及其输入/输出实现;2.4节讨论符号常量的定义和使用;2.5节是对本章的知识点进行总结。

2.1 整 型 数 据

2.1.1 整型数据的表示

根据是否需要表示和处理负数,计算机中的数(包括整数和小数)可以分为无符号数和有符号数两类。无符号数即非负数,因为它是恒大于等于零的,因此不需要专门对符号进行表示。假定计算中采用一个字节,即8个二进制位来表示和存储一个无符号数,则无符号整数3在计算机中的表示形式为0000 0011。

因为无符号整数所占的二进制位数是固定的,所以无符号整数的范围也是固定的,即最小的无符号整数为00000000,即十进制数0,而最大的无符号整数为11111111,即十进制数255。

有符号数需要表示正负号。由于在计算机中所有的数只能用二进制数表示,因此需要对其进行编码。目前常用的编码方式有三种:原码、反码和补码,为了描述方便,假定每个有符号整数都占一个字节,即8个二进制位。

1. 原码

原码规定将二进制数据的最高位作为符号位,0表示正号,1表示符号,所以−3的原码表示如图2-2所示。

+3的原码表示形式与无符号数3的表示形式相同,二者的区别在于无符号数3的最高位是数据位,而有符号数3的最高位是符号位。因此,对于一个长度为1

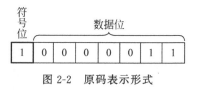

图 2-2　原码表示形式

字节的有符号整数,其最小的二进制数为$[1111\ 1111]_原$,即十进制数−127;最大的二进制数为$[0111\ 1111]_原$,即十进制数127。

原码是最简单的编码方式,具有直观、易于理解等优点。然而,原码并不能直接进行计算,如数学上$(-3)+3=0$,而如果直接用其原码进行计算:

$$[1000\ 0011]_原 + [0000\ 0011]_原 = [1000\ 0110]_原$$

结果是−6,很明显是错误的。

2. 反码

反码的表示方法如下。

(1) 正数的反码就是其原码。

(2) 负数的反码是在其原码的基础上,保持符号位不变,其余各位取反,所以−3的反码为$[1111\ 1100]_反$。

反码可以不考虑符号位直接进行计算,如$(-3)+1$用反码直接计算为$[1111\ 1100]_反 + [0000\ 0001]_反 = [1111\ 1101]_反$,转换为原码是$[10000010]_原$,即−2。

然而,对于某些情况,用反码直接进行计算还需要进行特殊的处理。如$(-3)+5$用反码直接计算为$[1111\ 1100]_反 + [0000\ 0101]_反 = [1\ 0000\ 0001]_反$,然而,一个有符号整数只占8个二进制位,多出来的最高位上的1只能舍弃,这种情况称为溢出(Overflow)。因此,实际运算得到的结果为$[0000\ 0001]_反$,转换为原码是$[0000\ 0001]_原$,即1,结果是错误的。为了在结果溢出的情况下结果仍能正确,需要再做额外的加 1 操作,即$[0000\ 0001]_反+1$。这从一定程度上增加了计算的复杂性。

3. 补码

补码的表示方法如下。

(1) 正数的补码就是其原码。

(2) 负数的补码是在其反码的基础上加一。如-3的补码为$[1111\ 1100]_反+1=$
$[1111\ 1101]_补$。

计算机内部的整数都是采用补码进行表示的。这是因为补码系统有如下优势。

(1) 在补码系统中,无论相同符号还是不同符号的数的加减运算都可以采用统一的计算方式。例如:

$(-3)+5=[1111\ 1101]_补+[0000\ 0101]_补=[0000\ 0010]_补=2$

$(-3)+(-5)=[1111\ 1101]_补+[1111\ 1011]_补=[1111\ 1000]_补=[1000\ 1000]_原=-8$

由于减法运算也可以看作加法运算,因此,从硬件实现来讲,只需要一个加法电路即可处理所有数的加减运算。这可以从很大程度上减少硬件实现的复杂性。

(2) 补码还有一个特性:补码的补码是原码。例如,-3的补码为$[1111\ 1101]_补$,按照求补码的方式,求 1111 1101 的补码,可得$[1000\ 0011]_补$,即-3的原码。因此,只需要一个补码转换电路,就可以实现编码和解码两种操作。

最后,在原码和反码系统中,一个 8 位的原码系统和补码系统能表示的数的范围是$-127\sim127$,即只能表示 255 个整数。这是由于在原码和反码系统中,因为增加了符号位,0被分别表示为$+0$和-0两种编码。例如,$[0000\ 0000]_原$和$[1000\ 0000]_原$分别是$+0$和-0的原码,而$[0000\ 0000]_反$和$[1111\ 1111]_反$分别是$+0$和-0的反码。然而,在实际应用中,给0加上符号是没有意义的。修补码系统解决了这个问题。

不难发现,无论是$+0$还是-0,它们的补码都是$[0000\ 0000]_补$。另外,为了保证运算的一致性,例如:$(-1)+(-127)=[1111\ 1111]_补+[1000\ 0001]_补=[1000\ 0000]_补$,在补码系统中规定$[1000\ 0000]_补$表示$-128$。因此一个 8 位补码系统能表示的数的范围为$-128\sim127$。

2.1.2 C语言中的整数类型

根据取值范围的不同,ANSI C 标准将整数类型分为短整型、基本整型和长整型整数三种类型,它们在 C 语言中对应类型名分别为:short int(通常简写为 short)、int 和 long int(通常简写为 long)。为了增加对更大的整数的支持,C99 标准又引入 long long 数据类型。

另外,short、int、long、long long 是有符号整数类型,每个有符号整数类型都对应一个无符号整数类型,其类型名通过在有符号整数类型名前加 unsigned 类型修饰符定义,如unsigned short、unsigned int 和 unsigned long 分别为无符号短整型、无符号基本整数类型和无符号长整型在 C 语言中的类型名。

C 标准没有具体指定 short、int、long 等各类型所占的字节数,只规定了各类型数据的最小长度,如 short 类型不小于 2 个字节,int 类型不小于 2 个字节,long 类型不小于 4 个字节,long long 类型不小于 8 个字节等。因此,不同的编译器为各整数类型数据分配的字节数可能不同。通常情况下,各类编译器一般为 int 类型数据分配 4 个字节,为 short 类型分配 2 个字节,为 long 类型分配 4 个字节,为 long long 类型分配 8 个字节。在该定义下,各类型的数据的范围如表 2-1 所示。

表 2-1   各整数类型的取值范围

类 型 名	类型标识符	字节数	表 示 范 围
有符号短整型	[signed] short [int]	2	$-32768 \sim 32767$(即 $-2^{15} \sim 2^{15}-1$)
有符号基本整型	[signed] int	4	$-2147483648 \sim 2147483647$(即 $-2^{31} \sim 2^{31}-1$)
有符号长整型	[signed] long [int]	4	$-2147483648 \sim 2147483647$(即 $-2^{31} \sim 2^{31}-1$)
有符号长长整型	[signed] long long	8	$-9223372036854775808 \sim 9223372036854775807$(即 $-2^{63} \sim 2^{63}-1$)
无符号短整型	unsigned short [int]	2	$0 \sim 65535$(即 $0 \sim 2^{16}-1$)
无符号基本整型	unsigned [int]	4	$0 \sim 4294967293$(即 $0 \sim 2^{32}-1$)
无符号长整型	unsigned long [int]	4	$0 \sim 4294967293$(即 $0 \sim 2^{32}-1$)
无符号长长整型	unsigned long long	8	$0 \sim 18446744073709551615$(即 $0 \sim 2^{64}-1$)

2.1.3   整型字面量

字面量(Literal Value)是字面形式即为其值的量,如 1、−11、3.1415926 等,又称字面常量或直接常量。由于字面量也需要在计算机中存储、表示和计算,因此字面量也有类型区分。整型字面量即按照整型进行存储的字面量。

在 C 语言中,整型字面量可以用以下三种形式表示。

(1) 十进制形式,如 123、−99 等。

(2) 八进制形式。为了与十进制形式进行区分,C 语言规定所有的八进制常量均以 0 开头,如 0123、027 等。

(3) 十六进制形式。为了方便区分,C 语言规定所有的十六进制常量均以 0x 开头,如 0x123、0xff 等。

八进制和十六进制是计算机中常用的两种进制。八进制的规则为“逢八进一”,由 0~7 八个数码组成;十六进制的规则是“逢十六进一”,由 0~9 和 A~F 十六个数码组成。由于 8 和 16 的都是 2 的幂,不难证明,八进制数的每一位数恰好可以由三位二进制数来表示,如八进制 77 对应的二进制为 111 111,二进制数从右向左每三个二进制位正好对应八进制的一位。同理,十六进制数的每一位数恰好可以由四位二进制数来表示,如十六进制数 C2 对应的二进制位 1100 0010,二进制数从右向左每四个二进制位正好对应十六进制的一位。由于八进制、十六进制和二进制之间的密切关系,八进制数和十六进制数在计算机领域得到了广泛的使用。

默认情况下,整型字面量为 int 类型,但如果字面量的值超出了 int 的表示范围,编译器通常会将该字面量认为是 long long 类型。

2.1.4   整型变量的声明

变量(Variable)本质上是内存中的一块存储单元,一般用来存放程序运行过程中的临时数据。整型变量即用来存放整型数据的变量。

任何变量在使用之前必须先声明,一般格式如下。

类型名 变量名;

整型变量的类型名包括 short、int、long、long long。变量声明首先明确了变量在内存中所占的字节数;其次限定了变量可以进行的操作。

变量名即变量的名字。C 语言规定变量名必须是合法的标识符。接下来先介绍标识符的概念。

1. 标识符

C 语言将变量、符号常量、函数、数组、类型等对象命名的有效字符序列称为标识符(Identifier)。简单来说,标识符就是一个名字。C 语言中的标识符必须满足以下三个规定。

(1) 只能由字母、数字和下划线三种字符组成。

(2) 第一个字符必须是字母或下划线。

(3) 不能与关键字(关键字也可以称为保留字、系统标识符)重名。C 语言中定义的关键字如表 2-2 所示。

表 2-2 C 语言中的关键字

	auto	int	double	long	char
	float	short	signed	unsigned	struct
	union	enum	static	switch	case
C90 标准	default	break	register	const	volatile
	typedef	extern	return	void	continue
	do	while	if	else	for
	goto	sizeof			
C99 标准	inline	restrict	_Bool	_Complex	_Imaginary

因此,如 student、sum、_a 皆为合法的标识符,而 2a、#b、-c 均为不合法的标识符。

提示:在程序编写过程中,标识符的起名最好符合"见名知义"的标准。这种命名方式对于复杂程序的编写尤其重要。试想,如果一个程序中的变量名均以 a、b、c、d、……进行命名,我们能很轻松地明白每个变量的含义吗?

常见的变量名命名风格主要有两种。

(1) 变量名用小写。如果变量名由多个单词构成,各单词之间需用下划线间隔。例如:

current_page page_no final_value

(2) 变量名的第一个单词小写。当有多个单词时,从第二个单词开始每个单词的首字母大写。例如:

currentPage pageNo finalValue

传统的 C 语言程序员通常采用第一种命名风格;第二种命名风格是 Java 开发中常用的命名风格,目前也在 C 语言程序中广泛使用。

2. 变量初始化

接下来看一个整型变量声明的例子。

```
int num;
```

上述变量声明语句为变量 count 在内存中分配了一块由 4 个字节组成的连续存储空间,如图 2-3 所示。

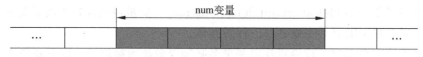

图 2-3　int 类型变量在内存中的存储形式

需要注意的是,上述语句只是声明了一个变量 num,并没有为 num 指定值。此时,不同的编译器对变量 num 的处理方式不同。有的编译器将变量的初始值统一设置为 0;而有的编译器则不作处理,此时变量的初始值是一个随机值。直接对一个没有指定初始值的变量进行操作是危险的。

给变量指定初始值有两种方法:①在使用变量之前通过赋值语句或输入操作为其指定值,这种方法将在 2.1.5 小节详细介绍;②在声明变量的同时为变量指定一个初始值,这种方法称为变量的初始化(Initialization)。

变量初始化的一般格式如下。

类型标识符 变量名 = 初值;

其中,初值可以用和变量同类型的表达式提供,如果初值的类型和变量类型不一致,编译器会采用赋值运算的规则自动进行类型转换(具体参考 3.2 节)。例如:

```
int num = 2;
```

上述声明语句不止为 num 在内存中分配 4 个字节的连续存储单元,而且会将 2 以16 位二进制的形式存入该存储单元,如图 2-4 所示。

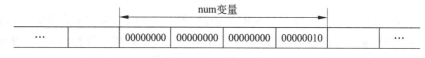

图 2-4　变量初始化

在一个变量声明语句中可以同时声明多个变量,各变量之间用逗号间隔。例如:

```
long a, b, c;
```

相应地,当声明多个变量时,可以同时对全部或部分变量初始化。例如:

```
long a = 3, b, c = 10;
```

2.1.5　整型数据的输入/输出

C 语言中数据的输入和输出主要由标准输入/输出库中的函数来实现。使用标准输入/输出库中的函数时需在程序的开头使用 ♯ include 指令包含 stdio. h(Standard Input Output),即标准输入/输出头文件,方法如下。

```
#include <stdio.h>
```

1. 整型数据的输出

整型变量的输出操作通常由格式化输出函数 printf()实现。printf()函数的格式如下。

printf(格式控制字符串,输出值参数表)

格式控制字符串通常简称为格式字符串(Format String)。格式字符串包含以下两部分信息。

(1) 普通字符(包括字符转义序列),这些字符会直接输出。

(2) 格式转换说明,由格式转换说明符定义。

程序清单 2-1 给出了一个简单的输出一个整型变量值的例子。

程序清单 2-1

```
1    #include <stdio.h>
2    int main(){
3        int val = 10;
4        printf("val = %d", val);
5        return 0;
6    }
```

其中,val=%d 是格式字符串,val=是实际要打印的字符;%d 则是格式转换说明符,指定要输出一个十进制整数。%d 又称为一个占位符(Placeholder),表示在格式字符串中的这个位置要输出一个十进制整数,实际输出时每个占位符上的数值由输出值参数列表中的参数指定,如上例中%d 这个参数的值即是 val 变量的值。整数类型输出常用的格式转换说明符如表 2-3 所示。

表 2-3 printf()函数整数相关的格式转换说明符

格式转换说明符	说　明
%d 或%i	以带符号的十进制整数形式输出,正号忽略
%u	以无符号十进制整数的形式输出
%o	以无符号八进制整数的形式输出,不输出前缀 0
%x	以无符号十六进制整数的形式输出,字母用小写,不输出前缀 0x
%X	以无符号十六进制整数的形式输出,字母用大写,不输出前缀 0x

程序清单 2-2 给出了以十进制、八进制和十六进制三种形式分别输出同一个数的示例。

程序清单 2-2

```
1    #include <stdio.h>
2    int main(){
3        int var = 10;
4        printf("十进制: var = %d\n", var);
5        printf("八进制: var = %o\n", var);
6        printf("十六进制: var = %x\n", var);
7
8        return 0;
9    }
```

程序运行结果如下。

```
十进制: var = 10
八进制: var = 12
十六进制: var = a
```

除了可以指定输出数据的类型,printf()函数还提供了一些格式修饰符来指定输出格式,如域宽、对齐方式、前缀等。常用的格式修饰符如表2-4所示。

表 2-4   printf()函数中常用的格式修饰符

格式修饰符	说　　明
(英文字母)l	用于修饰格式符%d、%i、%o、%x、%u,输出 long 型数据
(英文字母)ll	用于修饰格式符%d、%i、%o、%x、%u,输出 long long 型数据
(最小域宽)m	用于修饰格式符%d、%i、%o、%x、%u,指定输出值所占的列数。 若 m 为正整数,当输出数据宽度小于 m 时,在域内向右靠齐,左边多余为补空格;当输出数据宽度大于 m 时,按实际宽度全部输出;若 m 有前缀 0,如 08,则左边多余位补 0。若 m 为负整数,在域内向左靠齐,其他与 m 为正整数时相同
#	修饰格式符%x,指定在输出十六进制数时加前导符 0x

格式修饰符的具体用法如程序清单2-3所示。

程序清单 2-3

```
1    #include <stdio.h>
2    int main(){
3        Long long bigNumber = 6300000000;
4        int var = 10;
5        printf("The value of bigNumber as a integer is %d\n", bigNumber);
6        printf("The value of bigNumber as a long long integer is %lld\n", bigNumber);
7        printf("Align var right with field width of 10: %10d\n", var);
8        printf("Align var left with field width of 10: %-10d\n", var);
9        return 0;
10   }
```

程序运行结果如下。

```
The value of bigNumber as a integer is 2005032704
The value of bigNumber as a long long integer is 6300000000
Align var right with field width of 10:         10
Align var left with field width of 10: 10
```

2. 整型数据的输入

整型变量的输入操作主要使用格式化输入函数 scanf()来实现。调用 scanf()函数的一般格式如下。

scanf(格式字符串,参数地址列表)

其中,第一个参数是格式字符串,它指定了用户输入数据的模式。同 printf()函数中的格式字符串类似,scanf()函数中的格式字符串也是由两部分组成的。

(1) 普通字符(包含转义字符序列),这是需要用户原样输入的部分。

(2) 输入占位符,由格式转换说明符和格式修饰符组成。

参数地址列表由若干变量的地址组成,中间用逗号间隔,指定用来接收数据的变量的地址。基本类型的变量的地址需使用取地址运算符 & 计算得到。scanf()函数的使用方法如程序清单 2-4 所示。

程序清单 2-4

```
1    #include <stdio.h>
2    int main(){
3        int num1, num2;
4        printf("请输入 num1 和 num2 的值: ");
5        scanf("%d%d", &num1, &num2);
6        printf("num1 = %d, num2 = %d\n", num1, num2);
7        return 0;
8    }
```

下面是该程序与用户交互的示例(用户输入的数据用下划线标注)。

请输入 num1 和 num2 的值: 11 12 ↙
num1 = 11, num2 = 12

代码第 5 行的 scanf()函数中定义的格式字符串为%d%d,表示用户需输入两个十进制整数。当格式字符串中没有指定两个十进制整数的分隔符时,scanf()函数在读取用户的输入数据时以空白符(包括空格、水平制表符、换行符等)作为分隔符。

需要说明的是,用户必须严格按照 scanf()函数格式字符串进行输入。例如:

scanf("%d,%d", &num1, &num2);

用户在输入时必须以逗号间隔,例如:

11,12

如果以其他方式输入,例如:

11 12

则 num2 将不能正确赋值。

类似地,如果将格式字符串定义成如下形式:

scanf("num1 = %d, num2 = %d", &num1, &num2);

则用户必须以如下方式输入:

num1 = 11, num2 = 12

否则 num1 和 num2 都不能正确赋值。读者可以将程序清单 2-4 中第 5 行代码分别替换为上述两个语句并运行验证。

2.2 实 型 数 据

2.2.1 实数在计算机中的表示

在现代计算机中,实数一般采用浮点数的形式进行表示。浮点数是指小数点不固定的数。浮点数的表示方法类似于十进制中的科学计数法,如 314 可以表示为 3.14×10^2,这里 10 称为基数(Base),2 称为指数或阶码(Exponent),3.14 称为小数或尾数(Fraction)。之所以称其为浮点数是因为这种表示方式可以根据需要通过修改指数和尾数任意的值来移动小数点的位置。

目前大部分计算机都遵循 IEEE 二进制浮点数算术标准(IEEE 754)。该标准提供了两种主要的浮点数格式:单精度(32 位)和双精度(64 位),规定数值以科学计数法的形式存储,每个数由符号位、指数部分和小数部分三部分组成,如图 2-5 所示。不难看出,指数部分占的位数越多,能表示的数的范围越大;小数部分占的位数越多,数的有效精度就越大。另外,标准还规定单精度浮点数的符号位长度为 1 位,指数长度为 8 位,而小数部分长度占 23 位;双精度格式中,符号位长度为 1 位,指数长度为 11 位,小数部分占 52 位。

图 2-5 浮点数的表示形式

C 语言中定义了三种浮点类型,对应于三种不同的浮点格式。

(1) float:单精度浮点数。

(2) double:双精度浮点数。

(3) long double:扩展双精度浮点数。

需要说明的是:long double 是 C99 标准引入的类型。

由于不同的计算机存储浮点数的方式不同,C 标准没有对 float、double 和 long double 类型提供的精度进行具体定义。通常情况下,C 编译器规定一个 float 类型数据占 4 个字节,一个 double 类型数据占 8 个字节,一个 long double 类型数据占 16 个字节。

2.2.2 浮点型字面量与变量

在 C 语言中,浮点型字面量可以用以下两种形式表示。

(1) 十进制小数形式,如 1.03、.123、1. 等(注意必须有小数点,否则会认为是整型常量)。

(2) 指数形式,如 1.123e3、11.23e+2 或 1.123E3 都代表 1.123×10^3。需要注意的是,在该形式下,字符 e 或 E 后面是指数,指数必须为整数(可以是负数),且不能省略。

【例 2-1】 分析以下数值哪些是 C 语言中的合法常量。

-80、-080、-8e1.0、-80.0e

分析：-80 是一个十进制常量,而且值为负数,因此是合法的整型常量。

对于-080,根据其前缀为 0 可以知道它是八进制常量,但八进制中不可能出现数码
"8",因此该值不是合法的。

-8e1.0 与-80.0e 属于实型常量的指数形式,但指数形式规定,e 前后必须有数字,且
e 后面的数必须为整数,因此这两个数值也是不合法的。

浮点型常量默认情况下为 double 类型。如果希望编译器将浮点型常量按 float 类型进
行存储和处理,可以在该常量后加 f 或 F 后缀加以修饰,如 1.03f；如果希望编译器按 long
double 类型进行存储和表示,可以在该常量后加字母 l 或 L 加以修饰,如 3.14L。

浮点型变量的声明形式与整型变量类似。例如：

```
float length, width;
double result;
```

浮点型变量的初始化方式如下。

```
float length = 0.0, width = 0.0;
double result = 0;
```

2.2.3 浮点型数据的输入/输出

1. 浮点型数据的输出

同整型变量的输出类似,浮点型变量的输出也通常采用 printf()函数来实现。printf()
函数浮点型变量输入用到的格式转换说明符如表 2-5 所示。

表 2-5 printf()函数浮点型数据输出的格式转换说明符

格式转换说明符	说 明
%f	以十进制形式输出浮点数(包括 float 和 double 类型),默认情况下小数点后保留 6 位小数
%e	以指数的形式输出浮点数,小数点前必须有且只能有 1 位非零数字,指数部分标志用 e 表示
%E	以指数的形式输出浮点数,小数点前必须有且只能有 1 位非零数字,指数部分标志用 E 表示
%g	自动选取%f 或%e 格式中输出宽度较小的一种输出,且不输出无意义的 0
%G	自动选取%f 或%E 格式中输出宽度较小的一种输出,且不输出无意义的 0

程序清单 2-5 给出了各种格式转换字符的具体用法。

程序清单 2-5

```
1    #include <stdio.h>
2    int main(){
3        float pi = 3.14, epsilon = 0.000001;
4        printf("pi = %f, epsilon = %f\n", pi, epsilon);
5        printf("pi = %e, epsilon = %e\n", pi, epsilon);
```

```
6        printf("pi = %g, epsilon = %g\n", pi, epsilon);
7        return 0;
8    }
```

程序的运行结果如下。

```
pi = 3.140000, epsilon = 0.000001
pi = 3.140000e+000, epsilon = 1.000000e-006
pi = 3.14, epsilon = 1E-006
```

printf()函数还提供了一些格式修饰符来指定浮点数输出的域宽、精度等,如表 2-6 所示。

表 2-6   printf()函数中的浮点数格式修饰符

格式修饰符	说　　明
(英文字母)L	用于修饰格式符%f、%e、%E、%g、%G,输出 long double 型数据
(显示精度).n	精度修饰符一般与最小域宽修饰符一起使用,如%10.3f,用于修饰格式符%f、%e、%E、%g、%G。n 值为大于等于 0 的整数,用于指定输出的浮点数的小数位数
#	用于修饰格式符%f、%e、%E、%g、%G,确保输出的数据即使没有小数位也保留小数点

提示：当输出一个 long double 类型的变量时,必须在%f、%e 或%g 格式转换符前加 L 修饰符。另外,由于 long double 是 C99 标准中引入的数据类型,为了保证输出结果正确,需确保编译器支持 C99 标准。

2. 浮点型数据的输入

浮点型变量的格式化输入通常采用 scanf()函数实现。scanf()函数支持小数形式和指数形式两种输入形式,两种形式都可以用%f 或%e 格式转换符指定。需要说明的是,当输入 double 类型的变量时,应在格式转换符前加 l 修饰符,如%lf;当输入 long double 类型的变量时,应在格式转换符前加 L 修饰符,如%Lf。程序清单 2-6 给出了浮点型变量输入的具体用法。

程序清单 2-6

```
1    #include <stdio.h>
2    int main(){
3        float delta;
4        double epsilon;
5        scanf("%f%lf", &delta, &epsilon);
6        printf("delta = %.8f, epsilon = %.8f\n", delta, epsilon);
7        return 0;
8    }
```

下面是该程序与用户交互的示例(用户输入的数据用下划线标注)。

```
3.14159265359 3.14159265359↙
delta = 3.14159274, epsilon = 3.14159265
```

从输出结果来看,由于 float 类型数据的精度要比 double 类型低,因此当小数点后保留 8 位时,double 类型的数据能够正确输出,而 float 类型的数据则会有一定的误差。因此,在使用浮点类型数据需要充分考虑对数据精度的需求,然后选择合适的数据类型。

2.3　字符型数据

2.3.1　字符型数据在计算机中的表示

由于计算机中只能处理二进制数据,因此字符型数据要在计算机中进行表示和存储需要采用某种编码方式将字符编码成整数。C 语言中通常采用 ASCII(American Standard Code for Information Interchange,美国信息交换标准码)表示和处理程序中的字符数据。标准 ASCII 码的范围是 0～127,包含了英语中常用的字符,只需 7 个二进制位即可表示。表 2-7 列出了常用字符的 ASCII 码值范围。C 编译器通常定义字符类型的长度为一个字节,即 8 个二进制位。

表 2-7　ASCII 字符编码表

编　码　值	字　　　符	编　码　值	字　　　符
0～31	控制符	58～64	符号
32	空格	65～90	大写字母 A～Z
33～47	常用符号	91～96	符号
48～57	数字 0～9	97～122	小写字母 a～z

C 语言将字符型数据作为小整数进行处理。C89 标准将整数类型、字符类型统称为整值类型(Integral Type);而 C99 标准更是直接将字符类型归为整数类型。

C 语言中字符类型名为 char,另外,同整数类型类似,char 类型也有有符号和无符号之分,类型名分别为 signed char 和 unsigned char。C 标准并没有规定 char 类型为 signed char 或 unsigned char,因此不同的编译器其处理方式也不同。有的编译器默认 char 类型为 signed char,有的编译器默认 char 类型为 unsigned char。通常情况下不需要关心二者的区别,但当需要将一个整数赋值给一个 char 类型变量时,二者还是有区别的。

2.3.2　字符型字面量与字符变量

C 语言中字符型字面量是个用一对单引号括起来的字符,如 'A'、'1'、'?' 等。对于一些无法打印的字符,C 语言定义了一些特殊的符号序列来表示,这些特殊的字符序列叫作转义序列(Escape Sequence)。常用的转义字符如表 2-8 所示。

表 2-8　常用的转义字符

转　义　字　符	含　　　义
\a	响铃符
\b	退格符,将光标移动到前一列

续表

转 义 字 符	含 义
\f	换页符,将光标移动到下一页开头
\n	换行符,将光标移动到下一行开头
\r	回车符,将光标移动到本行开头
\t	横向制表符,将光标移动到下一个制表位
\v	纵向制表符
\\	反斜杠
\?	问号
\'	单引号
\"	双引号
\ooo	1~3 位八进制形式 ASCII 码所代表的字符
\xhh	1~2 位十六进制形式 ASCII 码所代表的字符

其中,\ooo 表示一个八进制形式的 ASCII 码值所对应的字符。例如'\101'代表八进制形式的 ASCII 码值为 101 的字符'A'。八进制数 101 相当于十进制 65,而'A'的十进制形式 ASCII 码值正是 65。'\12'或'\012'则可以表示换行符,因为换行符的十进制形式的 ASCII 码值 10,转换为八进制正是 12。字符常量'\0'表示 ASCII 码值为 0 的字符,也就是空字符。人们有时以\0 的形式代替 0,以强调某些数据的字符属性。

同理,\xhh 表示十六进制形式的 ASCII 码值所对应的字符。例如,'\x41'代表字符'A',因为十六进制形式的 41 转换为十进制为 65,ASCII 码值为 65 的字符为'A'。

【例 2-2】 分析下面哪些不是合法的字符常量。

'C' "C" '\xCC' '\072'

首先,根据字符常量的定义,所有的字符常量均是以单引号括起来,因此"C"不是合法的字符常量。'C'是常见的字符常量的形式,不难看出它是合法的字符常量。对于'\xCC'和'\072',它们以'\'打头,因此是字符转义序列,根据字符转义序列的定义,'\xCC'表示十六进制形式的 ASCII 码为 CC 的字符,'\072'表示八进制形式的 ASCII 码值为 072 的字符。因此,它们均是合法的。

字符变量的声明格式如下。

```
char ch;
char beep = '\7', space = '';
```

上述声明语句会在内存中为每个变量分配一个字节的存储单元。变量初始化操作会将对应字符常量的 ASCII 码值存入该变量对应的存储单元。由于字符类型和整型的密切关系,可以直接用整数初始化一个字符变量。例如:

```
char letter = 65;
```

等价于

```
char letter = 'A';
```

2.3.3 字符型数据的输入/输出

与整型数据和浮点型数据不同,除了可以使用 scanf() 和 printf() 函数实现字符数据的格式化输入和输出之外,C语言还定义了专门字符处理函数来实现字符数据的输入和输出。

1. 字符型数据的输出

printf() 函数中字符型数据输出的格式转换符为%c。例如:

```
printf("%c",'A');
```

当以格式转换字符%d 的形式输出一个字符型数据时,实际输出的是该字符对应的 ASCII 码值。例如:

```
printf("%d",'A');
```

实际输出的结果为 65。

单个字符的输出通常使用 putchar() 函数实现。上述语句与如下语句是等价的。

```
putchar('A');
```

可以看出,putchar() 函数括号里的参数可以是字符常量,也可以是字符变量;可以是普通字符,也可以是字符转义序列。例如:

```
char ch = 'C';
putchar(ch);
putchar('\n');
```

putchar() 函数的参数也可以是整数,此时程序会输出 ASCII 码值为该整数的字符。例如,语句

```
putchar(65);
```

会输出字符'A'。因为字符'A'的 ASCII 码值为 65。

2. 字符型数据输入

采用 scanf() 函数输入一个字符型数据时,格式类型转换符为%c。例如:

```
char ch;
scanf("%c",&ch);
```

需要注意的是,与整型和浮点型数据不同,空格、换行符等都属于字符类型,因此,当读取多个字符时,各字符之间不能用空格隔开,如程序清单 2-7 所示。

程序清单 2-7

```
1    #include <stdio.h>
2    int main(){
3        char ch1, ch2;
4        scanf("%c%c", &ch1, &ch2);
5        printf("ch1 = %c, ch2 = %c\n", ch1, ch2);
```

```
6        return 0;
7    }
```

运行该程序,若用户输入:

```
a␣b↙
```

则输出结果如下。

```
ch1 = a, ch2 = ␣
```

这是因为第一个%c匹配字符a,第二个%c匹配空格字符。

正确的输入形式如下。

```
ab↙
```

但是,若格式字符串中有分隔符,则在输入时必须输入,如程序清单2-8所示。

程序清单 2-8

```
1    #include <stdio.h>
2    int main(){
3        char ch1, ch2;
4        scanf("%c  %c", &ch1, &ch2);
5        printf("ch1 = %c, ch2 = %c\n", ch1, ch2);
6        return 0;
7    }
```

运行该程序时,若用户输入:

```
a␣␣b↙
```

则程序的输出结果如下。

```
ch1 = a, ch2 = b
```

这是因为格式字符串中的空格字符将和输入内容中的空格字符(连续的多个空格)进行匹配。

除使用scanf()函数读入字符数据外,C语言还提供了getchar()函数来实现从标准输入设备(通常指键盘)中读取一个字符(包括普通字符、空格、制表符、换行符等)。调用方法如下。

```
char ch;
ch = getchar();
```

【例2-3】 读取一个小写字母,输出其大写字母,如程序清单2-9所示。

程序清单 2-9

```
1    #include <stdio.h>
```

```
2    int main(){
3        char ch;
4        printf("请输入一个小写字母 ");
5        ch=getchar();
6        printf("%c 的大写字母为%c.\n", ch, ch - 32);
7        return 0;
8    }
```

下面是该程序与用户交互的示例(用户输入的数据用下划线标注)。

请输入一个小写字母: a↙
a 的大写字母为 A.

在程序清单 2-9 中,小写字母转换成大写字母是通过将小写字母减去 32 得到的,这是因为任意小写字母的 ASCII 码值正好比其对应的大写字母的 ASCII 码值大 32。

2.4 命名常量

2.4.1 符号常量

当程序中含有字面常量,尤其是该字面常量在程序中多处被使用时,建议给这类常量命名。一种常用的方案是使用宏替换预处理指令给常量命名。例如:

```
#define PI 3.1415926
```

这种用于替换某个常量的宏名(如 PI)称为符号常量(Symbolic Constant)。符号常量可以提高程序的可读性与可维护性。

【例 2-4】 编程实现:输入半径值 r,输出半径为 r 的圆的周长和面积,以及半径为 r 的球的体积,如程序清单 2-10 所示。

程序清单 2-10

```
1    #include <stdio.h>
2    int main(){
3        double r, perimeter, area, volume;
4
5        printf("请输入半径 r:");
6        scanf("%lf", &r);
7        perimeter = 2 *3.1415926 *r;
8        area = 3.1415926 *r *r;
9        volume = 3.1415926 *r *r *r;
10       printf("圆的周长为%.2f, 圆的面积为%.2f, 球的体积为%.2f\n",
11               perimeter, area, volume);
12
13       return 0;
14   }
```

在以上代码中,存在以下问题。

(1) 常量 3.1415926 在程序中出现了三次,由于其包含的字符较多,给程序的编写带来一定的麻烦,而且程序的可读性不好,程序员有可能不知道该常量的含义。

(2) 如果在程序编写中将某位置的 3.1415926 输入错误,则对应的部分结果也将会出现错误,从而造成结果的不一致。

使用符号常量可以解决上述问题,如程序清单 2-11 所示。

程序清单 2-11

```
1    #include <stdio.h>
2    #define PI 3.1415926
3    int main(){
4        double r, perimeter, area, volume;
5
6        printf("请输入半径 r:");
7        scanf("%lf", &r);
8        perimeter = 2 * PI * r;
9        area = PI * r * r;
10       volume = PI * r * r * r;
11       printf("圆的周长为%.2f, 圆的面积为%.2f, 球的体积为%.2f\n",
12               perimeter, area, volume);
13
14       return 0;
15   }
```

不难看出,通过使用♯define 指令指定用标识符 PI 代替常量 3.1415926,既能提高程序的编写效率,又能避免由于在某个位置输入错误所造成的数据不一致。

宏替换即用一个指定的标识符来代表一个替换序列,其一般形式如下。

```
#define 宏名   替换序列
```

其中,宏名是一个标识符,因此命名遵循标识符的命名规则。通常情况下,建议宏名(符号常量名)全部用大写,如果包含多个单词用下划线间隔。例如:

```
#define MAX_VALUE 99999
```

替换序列除了可以是常量外,还可以包含标识符、关键字、字符串常量、运算符、标点符号等。需要注意的是,定义符号常量时不需要加分号。

使用宏替换的目的主要是提高编程的效率和程序的可读性。宏替换指令在程序编译前被预处理器处理,此时,预处理器将程序代码作为字符序列来对待,不考虑代码的含义。以程序清单 2-11 为例,预处理器遇到第 2 行的宏替换指令时,将后面的程序代码中出现的所有 PI 替换为 3.1415926。替换完成后得到的程序代码和程序清单 2-10 相同,真正被编译执行的是替换后的代码。

2.4.2 const 限定符

ANSI C 标准中新增了 const 关键字,用于限定一个变量为只读,即其值不能修改。其声明形式如下。

```
const int MAX = 9999;
```

相对于符号常量,const 用起来更加灵活,基本可以替换常量。但需要注意的是,尽管其值不能修改,但编译器仍会认为 MAX 是一个变量,因此在某些需要常量表达式的场景下,如定义一个数组时,使用 const 修饰的只读变量,早期的编译器会报错,目前多数现代编译器允许用 const 修饰的变量定义数组。

2.5 本 章 小 结

数据类型用来约束数据的表示范围以及可以进行的操作。本章重点介绍了整型、实型和字符型三种基本数据类型在计算机中表示和使用方法。

计算机中的整数均采用补码的形式表示和存储。根据表示的数的范围的不同,ANSI C标准将整数类型分为 short int、int、long int 三种。为了增加对大数的支持,C99 标准又增加了 long long 类型。C 语言标准没有明确规定各类型整数所占的字节数,因此不同的编译环境下同一类型的整型数据可能在内存中占的字节数不同。计算机中的整型数据有变量和常量之分。整型常量可以采用十进制、八进制、十六进制三种形式进行存储。常量也有类型,默认情况下整型常量为 int 类型。整型变量在使用前需要先声明,由于不同的编译器对于没有赋值的变量的处理方式不同,建议在定义整型变量的同时对其进行初始化。

计算机中实型数据通常采用指数的形式进行存放。根据表示的实数精度的不同,ANSI C 将实数类型分为单精度(float)和双精度(double)两种类型,C99 标准又增加了 long double 类型。实型数据也分为实型常量和实型变量。实型常量可以采用小数形式和指数形式表示,默认为 double 类型。

C 语言中通常采用 ASCII 码表示字符数据,由于基本 ASCII 码只有 127 个字符,因此字符类型通常在表示和存储时只需要一个字节。字符数据在计算机中其实是以整数的形式存放,因此字符数据可以进行算术运算。C 语言中的字符型数据也分为字符常量和字符变量。字符常量用单引号引起。

当程序中有常量,尤其是该常量在程序中出现多次时,建议使用符号常量定义该常量。符号常量的定义本质上是一个宏替换。它可以提高代码的可读性,进而提高代码的可维护性。

练 习 题

一、选择题

1. 按照 C 语言规定的用户标识符命名规则,不能出现在标识符中的是(   )。

   A. 大写字母　　　　B. 连接符　　　　C. 数字字符　　　　D. 下划线

2. 以下叙述中错误的是(   )。

   A. 用户所定义的标识符允许使用关键字

   B. 用户所定义的标识符应尽量做到"见名知意"

C. 用户所定义的标识符必须以字母或下划线开头

D. 用户定义的标识符中,大、小写字母代表不同标识符

3. 以下不合法的用户标识符是(　　　)。

　　A. j2_KEY　　　　　　B. Double　　　　　　C. 4d　　　　　　　　D. _8_

4. 以下关于 long、int 和 short 类型数据占用内存大小的叙述中正确的是(　　　)。

　　A. 均占 4 个字节

　　B. 根据数据的大小来决定所占内存的字节数

　　C. 由用户自己定义

　　D. 由 C 语言编译系统决定

5. 以下能正确定义且赋初值的语句是(　　　)。

　　A. int n1＝n2＝10;　　　　　　　　　　B. char c＝32;

　　C. float f＝f＋1.1;　　　　　　　　　　D. double x＝12.3E2.5;

6. 以下不合法的数值常量是(　　　)。

　　A. 011　　　　　　B. 1e1　　　　　　C. 8.0E0.5　　　　D. 0xabcd

7. 以下不合法的字符常量是(　　　)。

　　A. '\018'　　　　　B. '\"'　　　　　　C. '\\'　　　　　　D. '\xcc'

8. 以下合法的字符型常量是(　　　)。

　　A. '\x13'　　　　　B. '\081'　　　　　C. '65'　　　　　　D. "\n"

9. 以下 C 语言数值常量合法的一组是(　　　)。

　　A. 028 5e-3 -0xf　　　　　　　　　　　B. 12. 0xa23 4.5e0

　　C. 177 4e1.5 0abc　　　　　　　　　　D. 0x8A 10,000 3.e5

10. 以下不是 C 语言合法常量的是(　　　)。

　　A. 'cd'　　　　　　B. 0.1e+6　　　　　C. "\a"　　　　　D. '\011'

11. 以下能用作数据常量的是(　　　)。

　　A. o115　　　　　　B. 0118　　　　　　C.1.5e1.5　　　　D. 115L

12. 以下选项中正确的定义语句是(　　　)。

　　A. double a; b;　　　　　　　　　　　B. double a＝b＝7;

　　C. double a＝7,b＝7;　　　　　　　　　D. double,a,b;

13. 若函数中有定义语句:int k;,则(　　　)。

　　A. 系统将自动给 k 赋初值 0　　　　　B. 这时 k 中的值无定义

　　C. 系统将自动给 k 赋初值－1　　　　　D. 这时 k 中无任何值

14. 若定义 x 为 double 型变量,则能正确输入 x 值的语句是(　　　)。

　　A. scanf("%f", x);　　　　　　　　　B. scanf("%f",&x);

　　C. scanf("%lf",&x);　　　　　　　　　D. scanf("%5.1f",&x);

15. 有以下程序:

```c
#include <stdio.h>
void main() {
    char a,b,c,d;
    scanf("%c%c", &a, &b);
    c=getchar();
```

```
    d=getchar( );
    printf("%c%c%c%c\n",a,b,c,d);
}
```

当执行程序时,若用户用如下形式输入数据:

12↙
34↙

则输出结果是(   )。

    A. 1234   B. 12   C. 12   D. 12

                                          3   34

16. 设变量已正确定义,若要通过 scanf("%d%c%d%c",&a1,&c1,&a2,&c2);
为变量 a1 和 a2 赋数值 10 和 20,为变量 c1 和 c2 赋字符 X 和 Y,以下输入形式中正确
的是(   )。

    A. 10␣X␣20␣Y↙   B. 10␣X20␣Y↙

    C. 10␣X↙   20␣Y↙   D. 10X↙   20Y↙

二、填空题

1. 以 0 开头的整数是_____,以 0x 开头的整数是_____。

2. 十进制数 123 转换为八进制数是_____。

3. float 是_____精度浮点数;double 是_____精度浮点数;long double 是
_____精度浮点数。

4. 以下程序运行后的输出结果是_____。

```
#include <stdio.h>
int main( ) {
    int x=0210;
    printf("%X\n",x);
    return 0;
}
```

5. 写出表 2-9 中常量在声明中使用的数据类型和在 printf()函数中对应的转换说明。

表 2-9 不同常量的类型与格式转换符

常　　量	类　　型	转换说明(%转换字符)
12		
0X3		
'C'		
2.34E07		
'\040'		
7.0		
6L		
6.0f		
0X5.b6p12		

三、判断题

1. 正数的反码就是其原码。（　　）

2. 浮点型常量默认为 float 类型。（　　）

3. 单个字符的输出通常使用 putchar() 函数实现。（　　）

4. const 关键字修饰的变量，其值可以被修改。（　　）

四、编程题

1. 编写程序，计算 4 个整数的和与平均值。输入在一行中给出 4 个整数，其间以空格分隔。在一行中按照格式"Sum＝和；Average ＝平均值"的顺序输出和与平均值，其中，平均值精确到小数点后一位。

2. 用户输入一个大写字母，输出其对应的小写字母。（提示：某个大写字母的 ASCII 码值正好比它对应的小写字母小 32，读者可查阅附录 1 中的 ASCII 码表找出其中的规律。）

第3章 运算符、表达式和语句

　　C 语言中大部分的操作都是通过运算符(Operator)实现的。C 语言提供了非常丰富的运算符,如算术运算符、关系运算符、逻辑运算符、赋值运算符、位运算符、强制类型转换运算符等。

　　表达式(Expression)由运算符连接运算对象组成。对应于运算符的类型,表达式也可以分为算术表达式、关系表达式、逻辑表达式、赋值表达式等。任何表达式都有值和类型。

　　C 语言的代码是由语句(Statement)组成。C 语言中的语句包括表达式语句、流程控制语句、函数控制语句等。

　　本章重点讨论算术运算符和表达式、赋值运算符和表达式以及相应的表达式语句,旨在让读者能够编写不包含复杂流程控制的简单程序。3.1 节分别介绍算术运算符、赋值运算符和递增、递减运算符及它们对应的表达式;3.2 节讨论数据类型的隐式转换和强制类型转换运算符的概念;3.3 节介绍表达式语句的概念;3.4 节是对本章的内容进行总结。

3.1　运算符和表达式

3.1.1　算术运算符和算术表达式

　　C 语言的算术运算符如表 3-1 所示。

表 3-1　算术运算符

一元运算符	二元运算符	
	乘除类	加减类
正号运算符＋ 负号运算符－	乘法运算符 * 除法运算符/ 模运算符％	加法运算符＋ 减法运算符－

　　二元运算符要求有两个操作数,而一元运算符只要求有一个操作数。使用算术运算符时应注意以下 5 点。

　　(1) 运算符％表示模运算(mod)或取余运算(rem)。表达式 a％b 的值是 a 除以 b 后的余数。例如,10％2 的值为 0,10％3 的值为 1。

　　(2) ％运算符要求两个操作数必须是整数,其他运算符允许操作数可以是整数或实数。

　　(3) 当操作数均是整型时,运算符/的计算结果也是整型(在 C 语言中,算术运算结果的类型和操作数的类型相同),结果是通过舍去小数部分得到。所以,1/2 的结果是 0 而不是 0.5,要想使结果为 0.5 可以使用 1.0/2 或 1/2.0 或 1.0/2.0。

（4）避免使运算符/和运算符％的第二个操作数为0。

（5）对于运算符/和运算符％，若两个操作数均为正数，计算结果比较容易确定。若操作数中含有负数，计算结果由程序的运行环境决定。例如，对于$-10/3$和$-10\%3$，一种处理方式是$-10/3$等于-3，$-10\%3$等于-1；另一种处理方式是$-10/3$等于-4，$-10\%3$等于2。但无论哪种处理方式都应使$(a/b)*b+(a\%b)$等于a。

使用算术运算符将操作数连接起来得到的式子称为算术表达式。算术表达式也有数据类型和值。算术表达式的类型由参与运算的运算数决定，值就是表达式的计算结果。

3.1.2 运算符的优先级和结合性

1. 优先级（Priority）

考虑表达式$i+j*k$，其含义应为$i+(j*k)$，而不应该是$(i+j)*k$。这是因为数学中有一个"先进行乘除运算，后进行加减运算"的基本准则，它表明乘除运算的优先级高于加减运算。在C语言中，当表达式中含有多个运算符的时候，也要根据运算符的优先级对表达式进行解释，这和人们在表达式中使用括号是一样的含义。优先级高的运算符先进行计算。

C语言中的运算符优先级共分15级，1级最高，15级最低。算术运算符的优先级如表3-2所示。

表3-2　算术运算符的优先级

算术运算符	优先级
+（正号）、-（负号）	2
*、/、%	3
+（加）、-（减）	4

所以：

$$i+j*k \iff i+(j*k)$$
$$-i*-j \iff (-i)*(-j)$$

2. 结合性（Association）

考虑表达式$i+j+k$，其含义应为$(i+j)+k$，而不是$i+(j+k)$。这是因为数学中加法运算是从左向右进行结合的。当表达式中含有多个优先级相同的运算符时，运算符的结合性开始起作用。如果运算符是从左向右结合的，称这种运算符是左结合的。如果运算符是从右向左结合的，称这种运算符是右结合的。二元算术运算符都是左结合的，一元算术运算符都是右结合的。所以：

$$i+j+k \iff (i+j)+k$$
$$i*j/k \iff (i*j)/k$$

为了正确地使用运算符，一种做法是记住或查看这些运算符的优先级和结合性规则，另一种做法就是在表达式中加括号（括号的优先级最高，1级）。

3.1.3 赋值运算符与表达式

C语言把修改变量的值的操作称为赋值操作，其对应的物理操作是将数据对应的二进制编码存入变量对应的存储空间中。赋值运算通过赋值运算符实现。赋值运算符可分为简单赋值运算符和复合赋值运算符。

1. 简单赋值运算符

简单赋值运算符用"＝"表示，它是一个二元运算符。由"＝"连接左、右操作数形成的表达式称为赋值表达式。例如：

```
num = 10
```

假定 num 为 int 类型的变量，且赋值前 num 的值为 2，则赋值前后 num 变量对应的存储空间的变化如图 3-1 所示。

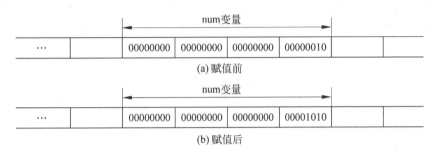

图 3-1 赋值操作前后内存空间的变化

赋值运算符的左操作数必须是一个变量；右操作数可以是一个简单的表达式，如一个常量或变量，也可以是一个由一个或多个运算符构成的复杂表达式。赋值运算符连接运算对象构成赋值表达式。赋值表达式的值和类型等于赋值后的左操作数的值和类型。因此表达式 num＝10 的类型为 int 类型，值为 10。

赋值运算符的优先级是 14，远低于算术运算符的优先级；结合方向是自右向左。所以表达式 num1＝num2＝num3＝1，等价于 num1＝(num2＝(num3＝1))，执行过程是，先将 1 赋值给 num3，再将赋值表达式(num3＝1)的值，即 1，赋值给 num2，最后将赋值表达式 (num2＝(num3＝1))的值，即 1，赋值给 num1。表达式最终的执行结果为 num1、num2 和 num3 均赋值为 1，且整个赋值表达式的值也为 1。

2. 复合赋值运算符

C 语言提供的复合赋值运算符包括＋＝、－＝、＊＝、/＝、％＝等。复合赋值运算符将算术运算与赋值运算合为一个运算。例如：

$$a\mathrel{+}= 1 \quad \Longleftrightarrow \quad a = a + 1$$
$$b\mathrel{-}= c + 1 \quad \Longleftrightarrow \quad b = b - (c + 1)$$
$$i\mathrel{*}= j/k \quad \Longleftrightarrow \quad i = i * (j/k)$$

与基本赋值运算符类似，复合赋值运算符的左侧只能是变量，而不能是常量或表达式。

复合赋值运算符的优先级同样是 14 级，结合方向也是自右向左。例如，表达式 a＊＝a＋＝2 等价于 a＊＝(a＋＝2)，也等价于 a＝a＊(a＝a＋2)。如果变量 a 的原值为 1，赋值运算后变量 a 的值为 9。

3.1.4 递增、递减运算符

针对 C 程序中频繁使用的变量加 1 和减 1 的操作,C 语言提供了递增(Increment)、递减(Decrement)运算符来实现。递增和递减运算符继承自 Ken Thompson 编写的 B 语言,具有简洁和高效的优点。

递增、递减运算符分别用++和――来表示。运算符++可以使变量的值加 1,运算符――可以使变量的值减 1。递增、递减运算符是一元运算符,使用时有两种形式。一种形式是运算符出现在其作用的变量前面,称为前缀模式,如++num;另一种形式是运算符出现在其作用的变量后面,称为后缀模式,如 num++。这两种模式都可以使变量的值加 1 或减 1。它们的区别在于递增或递减操作执行的时间不同,具体表现为表达式的值不同,如程序清单 3-1 所示。

程序清单 3-1

```
1    #include <stdio.h>
2    int main(){
3        int num1 = 0, num2 = 0;
4        printf("表达式 num1++的值为%d\n", num1++);
5        printf("num1 的值为%d\n", num1);
6        printf("表达式++num2 的值为%d\n", ++num2);
7        printf("num2 的值为%d\n", num2);
8        return 0;
9    }
```

运行程序,输出结果如下。

```
表达式 num1++的值为 0
num1 的值为 1
表达式++num2 的值为 1
num2 的值为 1
```

不难看出,尽管前置递增和后置递增运算都会使变量的值加 1,但两个表达式的值不同,前置递增表达式的值是变量加 1 后的值,而后置递增表达式的值是变量加 1 前的值。递减运算同理。因此,如果仅做加 1 或减 1 操作,前置模式和后置模式没有什么区别,但当需要使用表达式的值,如进行赋值操作时,一定要明白二者的区别而谨慎使用。

后缀递增、递减运算符的优先级是 2 级,结合方向是自左向右;前缀递增、递减运算符的优先级是 2 级,结合方向是自右向左。例如,表达式 j=－i++等价于 j=－(i++)。

使用递增、递减运算符应注意以下 5 个方面。

(1) 如果仅需要使变量 i 的值加 1 或减 1,而不需要在表达式中引用变量的值,则 i++和++i 的作用是一样的;否则,需要对这两种形式严格区分。

(2) 良好的编程设计风格建议在一行语句中,一个变量最多只进行一次递增或递减操作,尤其不要出现如(++i)+(i++)的表达式。这是由于 C 语言标准并没有规定算术运算符的运算数的计算顺序,因此有的编译器可能会先计算左侧的表达式(++i),而有的编译器可能会先计算右侧的表达式(i++),这会造成在不同的编译环境下得到不同的运算结果。

(3) 递增、递减运算符的操作数只能是变量,因此常量和 i+j、i++、++i 等表达式都不能进行递增、递减运算。所以表达式 1++、(i+j)++、(i++)++、++(++i)等都是错误的。

(4) 由于和实际的机器语言指令很相似,递增、递减运算生成的机器语言代码通常比等价的赋值语句的效率要更高。

(5) 递增、递减运算符通常用于整型变量或指针变量,特别是在循环结构中应用比较普遍。

3.2 数据类型转换

计算机只能对相同类型的数据(即位数相同,存储方式相同等)进行运算。例如,计算机不能直接对一个 16 位的整数和一个 32 位的整数做加法运算,更不能将一个整数和一个浮点数进行计算。为了提高程序的灵活性,C 语言允许在表达式中使用不同类型的变量和常量,在执行计算之前自动根据一定的规则自动将表达式中的操作数转换为同一类型,然后进行计算。由于这一转换由编译器自动处理而不需要程序员的介入,因此又称为隐式转换(Implicit Conversion)。C 语言还允许程序员使用强制类型转换符主动进行显式转换(Explicit Conversion)。

3.2.1 数据类型的隐式转换

隐式转换会在以下几种情况下发生。
① 进行算术运算的操作数类型不一致时(C 语言执行所谓的常用算术转换);
② 赋值运算符的左侧变量和右侧表达式的类型不一致时;
③ printf()函数中格式转换符与输出的表达式的类型不一致时;
④ 函数调用中实际参数与对应的形式参数类型不一致时;
⑤ 函数中 return 语句返回的值与函数返回值类型不一致时。
本节重点介绍前三种情况的类型转换,其他情况将在后续章节中进行介绍。

1. 常用算术转换

常用算术转换可以用于大部分二元运算符。常用算术转换的基本策略是把操作数转换成可以安全地适用于两个数值的"最小的"数据类型。粗略地说,如果某个数据类型数据占用的字节数比另一种类型少,那么这一类型就比另一种类型更小。将较小的数据类型的变量转换成较大的数据类型称为提升(Promotion)。

假设变量 d 为 double 类型,变量 i 为 int 类型,当计算表达式 d+i 时,由于变量 d 和 i 数据类型不同,C 语言会执行常用算术转换。由于 double 类型数据占 8 个字节的存储空间,int 类型数据占 4 个字节的存储空间,将一个 double 类型的变量转换成一个 int 类型的变量会造成精度的损失,甚至有可能会造成数据错误。因此,C 语言会将 int 类型的数据转换成 double 类型。

执行常用算术转换的规则可以分为如下两种情况。

(1) 任一操作数的类型是浮点类型。此时在进行常用算术转换时遵循如下规则。

① 若一个操作数是 long double 类型,则另一个操作数将被转换为 long double 类型;

② 否则,若一个操作数是 double 类型,则另一个操作数将被转换为 double 类型;

③ 否则,若一个操作数是 float 类型,则另一个操作数将被转换为 float 类型。

(2) 两个操作数都不是浮点类型。此时在进行常用算术转换时遵循如下规则。

① 若一个操作数是 unsigned long int 类型,则另一个操作数将被转换为 unsigned long int 类型;

② 否则,若一个操作数是 long int 类型,则另一个操作数将被转换为 long int 类型;

③ 否则,若一个操作数是 unsinged int 类型,则另一个操作数将被转换为 unsigned int 类型;

④ 否则,若一个操作数是 int 类型,则另一个操作数将被转换为 int 类型;

⑤ 否则,若两个操作数都是 short 或 char 类型,则两个操作数都将被转换为 int 类型。这种提升称为整值提升(Integral Promotion)。

【例 3-1】 常用算术转换实例:分析表达式的计算结果。

假设变量如下定义:

```
int a=1;
char ch='a';
float f=10.0;
double d=20.0;
```

表达式 a/ch+a*d−f/d 的计算过程如下。

(1) 计算表达式 a/ch,首先取变量 ch 的值进行整值提升,结果为 97(int 类型),然后计算 1/97,得结果 0,表达式的类型为 int 类型。

(2) 计算表达式 a*d,首先取变量 a 的值进行类型转换得结果 1.0(double 类型),然后计算 1.0*20.0,得结果 20.0,表达式的类型为 double 类型。

(3) 计算表达式 f/d,首先取变量 f 的值进行类型转换得结果 10.0(double 类型),然后计算 10.0/20.0,得结果 0.5,表达式的类型为 double 类型。

(4) 计算(1)的结果加(2)的结果,首先对(1)的结果进行类型转换得结果 0(double 类型),然后计算 0+20.0,得结果 20.0(double 类型)。

(5) 计算(4)的结果减(3)的结果,即计算 20.0−0.5,得结果 19.5(double 类型)。

因此,表达式 a/ch+a*d−f/d 的值为 19.5,类型为 double。

2. 赋值运算及 printf()函数中的类型转换

进行赋值运算时类型转换的基本原则是:将赋值运算符右边表达式的值转换成赋值运算符左边变量的类型。printf()函数中的类型转换的基本原则与赋值运算类似:将参数列表中的表达式的值转换成格式转换符指定的类型。由于赋值运算和 printf()函数在进行类型转换时采用的策略相同,因此将二者放在一起介绍。

赋值运算和 printf()函数中的隐式转换策略可以概括为如下几种情况。

1) 将占用存储空间小的类型转换成占用存储空间大的类型

这种情况与常用算术转换相同,这里不再介绍。

2）将占用存储空间大的类型转换成占用存储空间小的类型

由于赋值过程中的自动类型转换是以赋值运算符左侧变量的类型为依据的。因此，当将一个较大类型（如 double）的表达式赋值给一个较小的类型（如 int）变量时，可能会造成精度的丢失，甚至会得到一个无意义的结果。对于这种情况，编译器通常会在编译时发出警告信息。具体情况如下。

（1）将占用存储空间大的浮点型值转换成占用存储空间小的浮点型值时，若要转换的值超出了可表示的范围，则出现溢出错误；若要转换的值在可表示的范围内且能确切表示时，转换结果和原值相等；若要转换的值在可表示的范围内但不能确切表示时，转换结果是原值的近似值。

（2）将占用存储空间大的整型值转换成占用存储空间小的整型值时，若要转换的值在可表示的范围，其值不变；若要转换的值超出了可表示的范围，将得到一个无意义的值，如程序清单 3-2 所示。

程序清单 3-2

```
1   # include <stdio.h>
2   int main(){
3       short num;
4       num = 65536;
5       printf("num = %d\n", num);
6       return 0;
7   }
```

（3）将浮点型值转换成整型值时，小数部分将被直接舍去。若整数部分在该整数类型的表示范围内，转换结果是整数部分；否则，将得到一个无意义的值。

程序运行结果如下。

```
num = 0
```

很明显，这个结果是无意义的。那么为什么 num 的值会变为 0？只是因为 65536 默认为 int 类型，占 4 个字节，而 num 变量只占 2 个字节，将 4 个字节的内容放到 2 个字节的存储空间中，势必会丢失一部分数据。C 语言通常按从低到高的顺序依次将数据放入变量对应的存储空间，如果存储空间已满，则丢掉剩余字节，如图 3-2 所示。图中虚线部分的高位字节内容会被丢弃，即只将 65536 的低 16 位数据放入 num 变量中，因此 num 的值为 0。

图 3-2 将 int 类型数据放入 short 类型变量

事实上，当执行 printf("％hd\n"，65536)时，C 语言也会执行上述转换，即将 65536 这个 int 类型的常量转换为一个 short 类型，最终输出结果也是 0。

3) 字符型与整型的转换

字符型值向整型值转换时，unsigned char 类型值将被作为无符号整数进行处理。char 类型值既可以作为有符号整数也可以作为无符号整数进行处理，多数计算机系统是作为有符号整数进行处理的。

整型值向字符型值转换时，若要转换的值在字符型的可表示范围内，其值不变；否则，将得到一个无意义的值。如程序清单 3-3 所示。

程序清单 3-3

```
1    #include <stdio.h>
2    int main(){
3        char ch = 321;   /*第 3 行*/
4        printf("ch = %c\nch 的 ASCII 码值为%d\n", ch, ch);
5        return 0;
6    }
```

程序运行结果如下。

```
ch = A
ch 的 ASCII 码值为 65
```

代码第 3 行中整型字面量 321 默认是 int 类型，占 4 个字节，而一个 char 类型只占 1 个字节，因此在赋值前需要先将 321 转换为 char 类型，即只保留低 8 位的数据，然后将该值赋给 ch 变量，如图 3-3 所示。

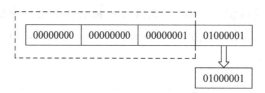

图 3-3　整数类型转字符类型

代码第 4 行中，printf()函数格式字符串中有两个格式转换符，其中%d 说明要以十进制整数的形式输出字符 ch，即输出 ch 的 ASCII 码值。需要注意的是，在 printf()的格式字符串中有两个换行符\n，也就是说当输出 ch=65 后要换行。

4) 有符号整型与无符号整型的转换

有符号整数和无符号整数的转换与有符号整数类型之间的转换方式类似，只是因为二者的编码方式不同，可能会出现预料之外的结果，具体如程序清单 3-4 所示。

程序清单 3-4

```
1    #include <stdio.h>
2    int main(){
3        unsigned short us1, us2;
4        short s;
5        us1 = -1;
6        us2 = 65530;
```

```
7        s = us2;
8        printf("us1 = %u, us2 = %u, s = %d", us1, us2, s);
9        return 0;
10   }
```

程序的运行结果如下。

```
us1 = 65535, us2 = 65530, s = -6
```

代码第 5 行将一个 int 类型的常量赋值给一个 unsigned short 类型的变量。这与将一个 int 类型整数赋值给一个 short 类型变量类似,C 语言会将 int 类型数据的低 16 位放入 short 类型变量的内存空间。然而,负整数在计算机中以补码的形式存储,而 unsigned short 变量会把内存空间内的数据当成无符号数来解释,如图 3-4 所示。因此 us1 的结果为 65535。

代码第 7 行将一个 unsigned short 类型的数据赋值给一个 short 类型。由于两个变量所占的字节数相等,C 语言会直接将变量 us2 的数据放在变量 s 所占的内存空间中,如图 3-5 所示。但由于 s 为有符号类型,因此 C 语言会认为内存空间的数据是 -6 的补码。

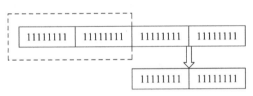

图 3-4 int 类型转 unsigned short 类型

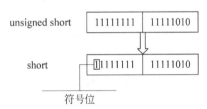

图 3-5 无符号数转换为有符号数

3.2.2 强制类型转换运算符

为了使程序设计人员更灵活地控制类型转换,C 语言提供了强制类型转换运算符(Cast Operator)。强制类型转换运算符的通用形式如下。

(类型名)表达式

强制类型转换运算符的作用是将右侧表达式的值转换成指定类型的值。比如(int) 12.3 的结果是整数 12,此结果通过将 12.3 转换成整型值而得到。

强制类型转换运算符是一元运算符,其优先级为 2 级。例如表达式(float)1/2 等价于 ((float)1)/2,先将整数 1 转换成浮点数,然后将进行浮点数的除法运算,结果是 0.5。

强制类型转换运算不会改变右侧表达式的值和类型,而是得到一个指定类型的结果值。例如:

```
float f=1.2;
int i;
i=(int)f;
```

赋值后变量 i 的值为 1,而变量 f 的值仍然为 1.2。

3.3 表达式语句

C语言的代码由语句组成。C语言规定,语句必须使用分号结尾。例如:

```
i++;
num1 = 10;
```

值得一提的是,C语言认为函数调用也是表达式,函数调用语句也属于表达式语句。例如:

```
printf("num1 = %d\n", num1);
scanf("%d", &num1);
```

另外,需要注意的是,尽管变量声明也是以分号结尾的,但C语言标准规定声明不是语句。

【例3-2】 正整数m是一个3位数,按逆序输出m的3位数,如程序清单3-5所示。

程序清单 3-5

```
1    #include <stdio.h>
2    int main(){
3        int num3, d0, d1, d2;
4        printf("请输入一个三位数: ");
5        scanf("%d", &num3);
6        d0 = num3 % 10;
7        d1 = (num3/10) % 10;
8        d2 = num3/100;
9        printf("个位数: %d\n", d0);
10       printf("十位数: %d\n", d1);
11       printf("百位数: %d\n", d2);
12       return 0;
13   }
```

程序与用户的交互示例如下。

```
357↙
个位数: 7
十位数: 5
百位数: 3
```

程序中变量d0、d1、d2分别用于存放整数num3的个位数字、十位数字和百位数字。

【例3-3】 读取两个整数存入变量a、b,然后交换变量的值,如程序清单3-6所示。

程序清单 3-6

```
1    #include <stdio.h>
2    int main(){
```

```
3         int num1, num2, tmp;
4         printf("请输入两个整数: ");
5         scanf("%d%d",&num1, &num2);
6         printf("交换前: num1 = %d, num2 = %d\n", num1, num2);
7         tmp = num1;
8         num1 = num2;
9         num2 = tmp;
10        printf("交换后: num1 = %d, num2 = %d\n", num1, num2);
11        return 0;
12    }
```

程序与用户的交互示例如下。

```
请输入两个整数: 5 10↙
交换前: num1 = 5, num2 = 10
交换后: num1 = 10, num2 = 5
```

【例 3-4】 输入三角形的三个边长 a、b、c，求三角形的面积。

已知边长计算三角形的面积可以利用海伦公式计算(见程序清单 3-7)：

$$area = \sqrt{s(s-a)(s-b)(s-c)}$$

其中, $s = \frac{1}{2}(a+b+c)$。

程序清单 3-7

```
1  # include <stdio.h>
2  # include <math.h>
3   int main( )
4  {
5        float a, b, c, s, area;
6        printf("请输入三角形的三条边长: ");
7        scanf("%f%f%f",&a, &b, &c);
8        s=1.0/2 * (a + b + c);
9        area=sqrt(s * (s - a) * (s - b) * (s - c));
10       printf("三角形的面积为%.2f",area);
11       return 0;
12    }
```

为了完成平方根的计算,程序第 9 行中使用了数学函数 sqrt(),表达式 s * (s−a) * (s−b) * (s−c)作为 sqrt()函数的参数。为了使用数学函数,需要在程序中包含头文件 math.h,如代码第 2 行所示。

3.4 本章小结

C 语言中的大部分操作都是通过运算符完成的。算术运算符主要包括正号运算符(+)、负号运算符(−)、两个一元运算符以及加(+)、减(−)、乘(*)、除(/)和求余(%)5 个二元运算符。在进行除法运算时,两个整数相除结果仍为整数。使用算术运算符连接的表达式称为算术表达式。算术表达式的类型由参与运算的运算数的类型决定,值就是算术运算的结果。

　　C语言把修改变量的值的操作称为赋值操作。赋值操作对应的物理操作是将数据对应的二进制编码存入变量对应的存储空间中。赋值运算通过赋值运算符实现,可以分为简单赋值运算符和复合赋值运算符。

　　递增和递减运算分别可以实现变量的加1和减1操作,它具有简洁和高效的特点。递增和递减操作有两种使用形式:前缀模式和后缀模式。这两种模式都可以使变量的值加1或减1。它们的区别在于递增或递减操作执行的时间不同,具体表现为表达式的值不同。

　　计算机只能对相同类型的数据进行运算,为了提高程序的灵活性,C语言允许在表达式中使用不同类型的变量和常量,在执行计算之前根据一定规则自动将表达式中的操作数转换为同一类型,这一过程称为隐式类型转换。另外,C语言还允许程序员根据需要使用强制类型转换符进行显式类型转换。

　　语句是C语言程序的最小组成单位,以分号结尾的表达式称为表达式语句。

练 习 题

一、选择题

1. 算术运算符、赋值运算符和关系运算符的运算优先级按从高到低依次为(　　)。

　　A. 算术运算、赋值运算、关系运算　　　　B. 算术运算、关系运算、赋值运算
　　C. 关系运算、赋值运算、算术运算　　　　D. 关系运算、算术运算、赋值运算

2. 在以下一组运算符中,优先级最低的运算符是(　　)。

　　A. ∗　　　　　　B. !=　　　　　　C. +　　　　　　D. =

3. 已知字母A的ASCII码为十进制数65,且c2为字符型变量,则执行语句c2='A'+'6'-'3';后c2中的值是(　　)。

　　A. D　　　　　　B. 68　　　　　　C. 69　　　　　　D. C

4. 以下程序运行后的输出结果是(　　)。

```c
#include <stdio.h>
int main( ) {
    int k=011;
    printf("%d\n", k++);
    return 0;
}
```

　　A. 12　　　　　　B. 11　　　　　　C. 10　　　　　　D. 9

5. 表达式3.6-5/2+1.2+5%2的值是(　　)。

　　A. 4.3　　　　　　B. 4.8　　　　　　C. 3.3　　　　　　D. 3.8

6. 已知大写字母 A 的 ASCII 码是 65，小写字母 a 的 ASCII 码是 97，以下不能将变量 c 中的大写字母转换为小写字母的语句是(　　)。

　　A. c=(c-'A')%26+'a';　　　　　　　B. c=c+32;

　　C. c=c-'A'+'a';　　　　　　　　　　D. c=('A'+c)%26-'a';

7. 以下程序运行后的输出结果是(　　)。

```
#include <stdio.h>
int main( ) {
    int a = 1, b = 0;
    printf("%d,", b = a + b);
    printf("%d", a = 2 *b);
    return 0;
}
```

　　A. 0,0　　　　　　　B. 1,0　　　　　　　C. 3,2　　　　　　　D. 1,2

二、填空题

1. 若整型变量 a 和 b 中的值分别为 7 和 9，要求按以下格式输出 a 和 b 的值。

a=7
b=9

完成输出语句：

printf("＿＿＿＿＿＿",a,b);

2. 以下程序运行后的输出结果是＿＿＿＿。

```
#include <stdio.h>
int main( ) {
    char c;
    int n = 100;
    float f=10;
    double x;
    x=f *=n/=(c=50);
    printf("n = %d f = %f\n",n,x);
    return 0;
}
```

3. 已知字母 A 的 ASCII 码为 65。以下程序运行后的输出结果是＿＿＿＿。

```
#include <stdio.h>
int main( ) {
    char a, b;
    a='A' + '5' - '3';
    b=a + '6' - '2';
    printf("a = %d, b = %c\n", a, b);
    return 0;
}
```

4. 以下程序运行后的输出结果是＿＿＿＿。

```
#include <stdio.h>
```

```
int main( ) {
    int m=011,n=11;
    printf("++m = %d, n++ = %d\n", ++m, n++);
    return 0;
}
```

5. 表达式(int)((double)(5/2)＋2.5)的值是_____。

6. 已知 a＝6,则赋值表达式 a＋＝a－＝a＊＝a 的值是_____。

7. 若 x 和 n 都是 int 型变量,且 x 的初值为 12,n 的初值为 5,则计算表达式 x%＝(n%＝2)后 x 的值为_____。

三、编程题

1. 编写程序,输入长方体的长、宽、高,求长方体的体积。

2. 编写程序,输入圆的半径,求圆的周长和面积。

3. 某超市营业员工资的计算方法是：每月 800 元的基本工资加该月销售额的 8.5％提成。编写程序,输入营业员的月销售额,计算并输出该营业员的月收入。

4. 编写程序,输入一个实数,使该实数的值保留两位小数,并对第三位进行四舍五入(规定实数为正数)。

5. 编写程序,将两个两位数的正整数 a、b 合并形成一个整数放在 c 中。合并的方式是：将 a 的十位和个位数依次放在 c 的个位和十位上,b 的十位和个位数依次放在 c 的百位和千位上。

第4章 程序控制结构——选择结构

C 语言是结构化程序设计语言。结构化程序设计(Structured Programming)是一种编程范式(Programming Paradigm),最早由 Dijkstra 于 1969 年提出。结构化程序设计以模块化设计为中心,将软件系统划分为若干个相互独立的模块,从而提高代码的可读性和可维护性,进而提高程序开发的效率。

结构化程序包括三种基本结构:顺序(Sequence)结构、选择(Selection)结构和循环(Repetition)结构,任何程序都可以由这三种结构组成。顺序结构是最简单的结构,只需按照解决问题的顺序列出相应的语句即可,它的执行顺序是自上而下,依次执行。本书第 3 章中的示例程序均采用这种结构。本章将重点介绍选择结构的实现,循环结构将在第 5 章进行详细的讲解。

选择结构又称为分支结构,该结构使程序可以根据测试条件(通常由关系表达式或逻辑表达式表示)选择执行不同的操作,进而达到控制程序执行流程的目的。C 语言提供了 if 语句和 switch 语句等来实现选择结构。

本章 4.1 节介绍如何用关系运算符和逻辑运算符来表示测试条件;4.2 节详细介绍 if 语句常用的几种形式,如简单形式的 if 语句、if-else 语句以及 if-else if-else 等;4.3 节详细介绍 switch 语句的使用;4.4 节是对本章的知识点进行总结。

4.1 关系表达式和逻辑表达式

4.1.1 关系运算符与关系表达式

关系运算符用于判断两个数据之间的某个关系是否成立。C 语言提供了 6 种关系运算符。

<　　小于
<=　　小于等于
>　　大于
>=　　大于等于
==　　等于
!=　　不等于

关系表达式是指利用关系运算符将两个表达式连接起来形成的式子。关系表达式的类型为 int 类型(C99 为_BOOL 类型),值只有两种可能,0(表达式为假)和 1(表达式为真)。例如,5 > 3 是成立的,运算结果为 1;3 > 5 是不成立的,运算结果为 0。

使用关系运算符需要注意以下几点。

（1）注意书写格式。

① ＜＝和＞＝等都是由两个符号组成的，不要写成数学中使用的≤和≥。

② ＝＝是表示判断两个数据数值是否相等，一定要和赋值运算符＝区分开。例如，a＝＝b 表示判断 a 和 b 是否相等，而 a＝b 表示把 b 的值赋给 a。它们是完全不同的两种含义。

（2）注意运算符优先级和结合性。

① 关系运算符的优先级低于算术运算符。例如，a＞b＋c 等价于 a＞(b＋c)。

② 关系运算符的优先级高于赋值运算符。例如，a＝b＞c 等价于 a＝(b＞c)。

③ ＞、＞＝、＜、＜＝的优先级相同；＝＝和!＝的优先级相同。前四个运算符的优先级要高于后两个运算符。例如，a＝＝b＞c 等价于 a＝＝(b＞c)。

④ 关系运算符的结合方向为自左向右结合。

（3）注意关系运算符的类型一致性。

关系运算符均是二元运算符，一个关系运算符的两个操作数类型要相同，如果类型不一致，系统将自动进行类型转换。例如，'A' ＝＝ 65 的运算结果为 1；3 ＞3.1415 的运算结果为 0。

【例 4-1】 写出程序清单 4-1 的输出结果。

程序清单 4-1

```
1    #include <stdio.h>
2    int main(){
3        int a = 3, b = 2, c = 1, d = 5;
4
5        printf("%d\n", (a > b));
6        printf("%d\n", (a > b == c));
7        printf("%d\n", (b + c < a));
8        printf("%d\n", (a > b > - 1));
9
10       return 0;
11   }
```

代码第 5 行中的表达式 a＞b 是真的，因此表达式值为 1。

代码第 6 行中的表达式等价于(a＞b)＝＝c，即先判断 a 是否大于 b，结果为真，值为 1；再判断 1 是否等于 c，结果成立，因此整个关系表达式的值为 1。

代码第 7 行中的表达式等价于(b＋c)＜a，即先计算 b＋c，结果等于 3；再判断 3 是否小于 a，结果为假，因此整个关系表达式的值为 0。

代码第 8 行中需要注意的是，该表达式与数学中的描述不同，它等价于((a＞b)＞－1)，即用 a＞b 的结果和－1 再做比较，而表达式 a＞b 的值要么为 0，要么为 1，两种情况都是大于－1 的。因此该表达式恒为真，即为 1。

程序运行后的输出结果如下。

```
1
1
0
1
```

【例 4-2】 写出程序清单 4-2 的输出结果。

程序清单 4-2

```
1    #include <stdio.h>
2
3    int main(){
4        float a = 1.1
5        printf("%d\n", a == 1.1);
6
7        return 0;
8    }
```

程序运行结果如下。

```
0
```

之所以会出现这个违背常识的结果，是因为变量 a 和字面量 1.1 的数据类型不同，前者为 float 类型而后者为 double 类型，这两种数据类型的精度是不同的。尽管 1.1 用十进制数表示的是一个有限小数，但当将 1.1 转换为二进制数时，1.1 将会是一个无限循环小数（1.00011001100…），由于保留的小数位数不同，在比较的时候会认为二者的值不同。

因此，比较浮点数时，尽量不要使用＝＝和！＝运算符，可以通过比较两个数的绝对差值是否在某个预期的误差来判断两个数是否相等，如程序清单 4-3 所示。

程序清单 4-3

```
1    #include <stdio.h>
2    #include <math.h>
3
4    int main(){
5        float a = 1.1
6        printf("%d\n", (fabs(a - 1.1) < 0.000001));
7
8        return 0;
9    }
```

代码第 6 行中 fabs() 函数用来计算一个浮点数的绝对值，它是 math 标准库中的函数，因此使用时需要在程序开头包含 math.h 函数，如代码第 2 行所示。

4.1.2　逻辑运算符与逻辑表达式

逻辑运算（Logical Operator）又称布尔运算，通常用来测试真假值。C 语言支持逻辑与、逻辑或和逻辑非三种常见的逻辑运算,其对应的逻辑运算符包括如下三个。

（1）逻辑与运算符。C语言中逻辑与运算符为&&,它表示的含义是"并且",可以表达两个条件必须同时满足的语义。逻辑与运算符的语法形式如下。

表达式 1 && 表达式 2

如果表达式1和表达式2都为真,与运算结果为1(真);否则运算结果为0(假)。其真值表如表4-1所示。

表 4-1　逻辑与运算真值表

表达式 1	表达式 2	表达式 1 && 表达式 2
0	0	0
0	非 0	0
非 0	0	0
非 0	非 0	1

在C语言中,任何表达式(包括变量、常量以及由运算符连接的表达式)都可以参与逻辑运算。也就是说任何一个表达式都可以作为一个逻辑值来使用。其规则是:如果该表达式的值等于0,则作为逻辑假值参与逻辑运算;如果该表达式的值不等于0,即非0,则作为逻辑真的值参与逻辑运算。

（2）逻辑或运算。C语言中逻辑或运算符为‖,它表示的含义是"或者",可以表达两个条件只要有一个满足即可的语义。逻辑或运算的语法形式如下。

表达式 1 ‖ 表达式 2

如果表达式1和表达式2都为0,逻辑或运算结果为0;否则,只要有一个是非0值,运算结果为1。其真值表如表4-2所示。

表 4-2　逻辑或运算真值表

表达式 1	表达式 2	表达式 1 ‖ 表达式 2
0	0	0
0	非 0	1
非 0	0	1
非 0	非 0	1

（3）逻辑非运算。逻辑非运算符为!,它表示的含义是"否定",它可以表达条件不满足的语义。

非运算的语法形式如下。

!表达式

如果表达式为非0值,逻辑非运算结果为0;如果表达式为0,逻辑非运算结果为1。具体真值表如表4-3所示。

表 4-3 逻辑非运算真值表

表达式	! 表达式
0	1
非 0	0

三个逻辑运算符的优先级从高到低依次为：逻辑非（2 级）、逻辑与（11 级）、逻辑或（12 级）。逻辑非运算是自右向左结合的，逻辑与运算和逻辑或运算是自左向右结合的。

逻辑表达式是指利用逻辑运算符将逻辑量或关系表达式连接起来形成的式子，逻辑表达式的值是一个逻辑值，即"真"或"假"，在 C 语言中分别用整数 1 或 0 表示。

【例 4-3】 写出程序清单 4-4 的输出结果。

程序清单 4-4

```
1    #include <stdio.h>
2    int main(){
3        int a = 4, b = 5;
4
5        printf("%d\n", a && b);
6        printf("%d\n", a || b);
7        printf("%d\n", !a || b);
8        printf("%d\n", 4 && 0 || 2);
9        printf("%d\n", 'c' && 'd');
10       printf("%d\n", !a);
11
12       return 0;
13   }
```

程序运行结果如下。

```
1
1
1
1
1
0
```

代码第 10 行中，表达式!a 等值于 a==0。不难看出，当 a 为非 0 时，!a 和 a==0 两个表达式的值为 0；当 a 为 0 时，!a 和 a==0 两个表达式的值都为 1。由于在 a 的任何取值下，两个表达式的真值都是相同的，因此两个表达式等价。同理，表达式 a!=0 和表达式 a 的真值相同。但需要注意的是表达式 a!=0 的值只能为 0 或 1，而表达式 a 的值可能为任意整数，但由于非零值都认为是真值，因此两个表达式的真值是相同的。事实上，在 C 语言程序中，为了让程序更加简洁，通常采用表达式!a 和 a 来分别替换表达式 a==0 和 a!=0。

【例 4-4】 输入一个年份，判断该年份是否为闰年，如果是输出 1；否则输出 0。代码如程序清单 4-5 所示。

程序清单 4-5

```
1    #include <stdio.h>
2
3    int main(){
4        int year;
5        int isLeap;
6
7        printf("Please enter the year: ");
8        scanf("%d", &year);
9        isLeap = ((year % 4 == 0) && (year % 100 != 0)) ||
10               (year % 400 == 0);
11       printf("%d\n", isLeap);
12
13       return 0;
14   }
```

程序和用户的交互示例如下。

```
Please enter the year: 2000✓
1
```

代码第 9 行和第 10 行将判断 year 是否为闰年的逻辑表达式的值赋值给 isLeap 变量。该逻辑表达式又由(year % 4==0)&&(year % 100 !=0)和 year % 400==0 两个子逻辑表达式组成。第一个子逻辑表达式描述的 year 能被 4 整除且不能被 100 整除;第二个表达式描述的是 year 能被 400 整除,如果 year 能使上述任一子逻辑表达式成立,该年份即是闰年。因此两个子逻辑表达式用逻辑或运算符连接。

4.1.3　短路特性

对于 && 运算,假定其语法形式如下。

表达式 1 && 表达式 2

若表达式 1 的值为 0,那么无论表达式 2 的值为 0 还是非 0,整个逻辑表达式的值都为 0。同理,对于‖运算,假定其形式如下。

表达式 1‖表达式 2

若表达式 1 的值为非 0 值,那么无论表达式 2 的值为 0 还是非 0 值,整个逻辑表达式的值都为 1。

为了提高运算的效率,C 语言规定,对于 && 运算,若左操作数的值为 0,那么不再计算右操作数,整个逻辑表达式的值为 0;对于‖运算,若左操作数为非 0 值,那么不再计算右操作数,整个逻辑表达式的值为 1。这被称作 && 和‖运算符的短路特性。程序清单 4-6 演示了短路特性。

程序清单 4-6

```
1    #include <stdio.h>
2    int main(){
3        int a = 1,b = 2,c = 3,d = 4,m = 1,n = 1;
4        printf("%d\n", (m = a > b) && (n = c > d));
5        printf("m = %d, n = %d.\n", m, n);
6
7        return 0;
8    }
```

程序运行结果如下。

```
0
m = 0, n = 1.
```

代码第 4 行中的表达式是一个由 && 运算符连接两个赋值表达式形成的逻辑表达式。首先计算表达式 m = a>b 的值，因为 a>b 值为 0，m 被赋值为 0，所以赋值表达式 m = a>b 的值为 0。由 && 运算符的短路特性可知，左操作数为 0，右操作数即表达式 n = c>d 不被计算。所以最终 m 被赋值为 0，n 的值保持不变。

4.2　if　语　句

if 语句是实现选择结构最常用的语句，通常分为 if、if-else、if-else if-else 等形式。

4.2.1　简单形式的 if 语句

最简单的 if 语句的语法形式如下。

`if (表达式) 语句;`

其中，表达式通常是关系表达式或逻辑表达式，但也可以是其他任意表达式如算术表达式、变量、常量等，用于描述判断条件。另外，表达式两边的括号是必需的，它是 if 语句的组成部分。执行语句是判断条件成立，即表达式的值为非 0 值时执行的语句。if 语句中只允许有一条执行语句，当需要执行多条语句时应该使用复合语句。所谓复合语句是用大括号括起来的一条或多条语句，它被当作一条语句来处理，其形式如下。

```
{
    语句 1;
    语句 2;
     ⋮
    语句 n;
}
```

需要注意的是，与简单语句不同，复合语句结尾处不需要加分号。例如下面这条语句可以实现交换变量 num1 和 num2 的值。

```
{
    temp = num1;
    num1 = num2;
    num2 = temp;
}
```

图 4-1 if 语句流程图

if 语句的执行过程是：先计算表达式的值，如果表达式为真值，即表达式的值非 0 时，接着执行小括号后面的语句；否则，如果表达式为假值，即表达式的值为 0 时，不执行括号后面的语句。程序将继续执行 if 语句后面的其他语句。其程序流程图如图 4-1 所示。

【例 4-5】 输入一个整数，输出其绝对值，代码如程序清单 4-7 所示。

程序清单 4-7

```
1   #include <stdio.h>
2   int main(){
3       int num, absoluteVal;
4       printf("Enter an integer: ");
5       scanf("%d", &num);
6       absoluteVal= num;
7       if(num < 0){
8           absoluteVal = -num;
9       }
10      printf("The absolute value of %d is %d.\n",
11              num, absoluteVal);
12
13      return 0;
14  }
```

程序与用户的交互示例如下。

```
Enter an integer: -3↙
The absolute value of -3 is 3.
```

【例 4-6】 已知符号函数的定义形式如下，编写程序，根据输入的 x 值，输出相应的 y 值。见程序清单 4-8。

$$\begin{cases} y=-1 & (x<0) \\ y=0 & (x=0) \\ y=1 & (x>0) \end{cases}$$

程序清单 4-8

```
1   #include <stdio.h>
2   int main()
3   {
```

```
4        int x, y;
5        printf("Enter the value of x: ");
6        scanf("%d", &x);
7        if(x < 0){
8            y = -1;
9        }
10       if(x == 0){
11           y = 0;
12       }
13       if(x > 0){
14           y = 1;
15       }
16       printf("y = %d\n",y);
17
18       return 0;
19   }
```

提示:

(1) 忘记在执行多条语句时加大括号是初学者使用 if 语句时经常出现的错误。

【例 4-7】 输入两个数,将它们按由小到大的顺序输出,见程序清单 4-9。

程序清单 4-9

```
1    #include <stdio.h>
2    int main()
3    {
4        int num1, num2, temp = 0;
5        printf("Enter the value of num1 and num2: ");
6        scanf("%d%d", &num1, &num2);
7        if(num1 > num2)
8            temp = num1;
9            num1 = num2;
10           num2 = temp;
11
12       printf("%d %d\n", num1, num2);
13       return 0;
14   }
```

程序与用户的交互示例如下。

```
Enter the value of num1 and num2: 5 9↙
9 0
```

不难看出,这个程序的执行结果是错误的。原因就在于 if 语句只能让程序在条件成立时执行一条简单语句或复合语句,或者说 if 语句的作用范围只能是一条简单语句或复合语句。因此,本例中第 7 行 if 语句的条件成立时只会执行第 8 行语句,而第 9 行和第 10 行语句并不属于 if 语句的作用范围,因此,不管 if 语句的条件是否成立,这两条语句都会执行。

当用户输入 5 和 9 时,第 7 行 if 语句中的判断条件不成立,不会执行括号后的语句,但该 if 语句的作用范围只有第 8 行语句。因此,程序只会跳过第 8 行语句,然后继续执行第 9 行和第 10 行语句,因此 num1 被赋值为 num2 的值,num2 被赋值为 temp 的值。正确的程序应如程序清单 4-10 所示。

程序清单 4-10

```
1    #include <stdio.h>
2    int main()
3    {
4        int num1, num2, temp = 0;
5        printf("Enter the value of num1 and num2: ");
6        scanf("%d%d", &num1, &num2);
7        if(num1 > num2){
8            temp = num1;
9            num1 = num2;
10           num2 = temp;
11       }
12       printf("%d %d\n", num1, num2);
13       return 0;
14   }
```

程序与用户的交互示例如下。

```
Enter the value of num1 and num2: 5 9↙
5 9
```

为了避免出现这种错误,笔者建议不论 if 语句中的执行语句是一条还是多条,都用大括号将语句括起,即将其视为复合语句。例如:

```
if (num < 0){
    absVal = -num;
}
```

(2) 在圆括号后加分号是初学者常犯的第二种错误,如程序清单 4-11 所示。

程序清单 4-11

```
1    #include <stdio.h>
2    int main()
3    {
4        int num1, num2, temp = 0;
5        printf("Enter the value of num1 and num2: ");
6        scanf("%d%d", &num1, &num2);
7        if(num1 > num2); {
8            temp = num1;
9            num1 = num2;
10           num2 = temp;
11       }
12       printf("%d %d\n", num1, num2);
```

```
13      return 0;
14  }
```

程序与用户的交互示例如下。

```
Enter the value of num1 and num2: 5 9↙
9 5
```

代码第 7 行在 if 语句的圆括号后加了一个分号,此时程序在编译时并不会报错,但程序会认为 if(num1 > num2); 等价于

```
if(num1 > num2){
    ;
}
```

只有一个分号的语句称为空语句。空语句是什么也不执行的语句。因此,在程序中,当 num1 大于 num2 时,程序执行空语句,也即什么也不执行。而代码第 8~10 行语句并不属于 if 语句的一部分,它们是独立的语句,不管 if 语句括号内的表达式为真或为假,这些语句都会执行。

4.2.2 if-else 语句

除了简单形式的 if 语句,C 语言还提供了 if-else 形式的语句,其语法形式如下。

```
if(表达式)
    语句 1
else
    语句 2
```

如果括号内的表达式为真,即表达式的值不为零时,则执行括号后面的语句 1;当表达式的值为假,即表达式的值为零时,则执行 else 后面的语句 2。语句 1 和语句 2 只能有一个被执行。可以用如图 4-2 所示的流程图表示其执行过程。

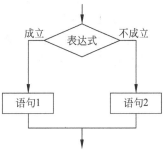

图 4-2 if-else 语句流程图

【例 4-8】 输入两个整数,将较大者输出,见程序清单 4-12。

程序清单 4-12

```
1   #include<stdio.h>
2   int main ()
3   {
4       int num1, num2, max;
5       printf("请输入 num1 和 num2 的值: ");
6       scanf("%d%d",&num1, &num2);
7       if(num1 > num2){
8           max = num1;
```

```
9          }else{
10             max = num2;
11         }
12         printf("%d 和%d 之间的最大值是%d\n",
13             num1, num2, max);
14  }
```

程序与用户的交互示例如下。

请输入 num1 和 num2 的值：5 10↙
5 和 10 之间的最大值是 10

4.2.3 条件运算符和条件表达式

程序清单 4-12 中采用 if-else 语句求 num1 和 num2 的最大值，并赋值给 max 变量。事实上，C 语言还提供了条件运算符来方便快捷地实现类似需求。条件运算符是 C 语言中唯一的一个三元运算符，由符号"?"和":"组成，其一般形式如下。

表达式 1?表达式 2:表达式 3

由条件运算符连接表达式构成条件表达式。条件表达式的求值过程是：首先计算表达式 1 的值，如果表达式 1 的值不为零（即值为真），则计算表达式 2 的值，并将该值作为整个条件表达式的值；如果表达式 1 的值为零（即值为假），则计算表达式 3 的值，并将该值作为整个条件表达式的值。

使用条件表达式可以代替一些简单的 if 语句。例如程序清单 4-12 中将 num1 和 num2 的最大值赋给 max 的功能可以用条件运算符实现。

```
max = num1 > num2 ?num1 : num2;
```

另外，在调用 printf() 函数输出数据时，也可以使用条件表达式使程序更简洁。例如：

```
if(num1 > num2){
    printf("%d", num1);
}else{
    printf("%d", num2);
}
```

可以用条件表达式简单表示如下。

```
printf("%d",(num1 > num2) ?num1 : num2);
```

条件运算符的优先级高于赋值运算符和逗号运算符，低于所有其他运算符。其结合方向为自右向左。例如：

```
y = x > 0 ?1 : x < 0 ?-1 : 0
```

等价于

```
y = x > 0 ? 1 : (x < 0 ? -1 : 0)
```

上述条件表达式实现了程序清单4-8所示的功能,即计算以下公式。

$$\begin{cases} y = -1 & (x < 0) \\ y = 0 & (x = 0) \\ y = 1 & (x > 0) \end{cases}$$

4.2.4 嵌套 if 语句

if-else 语句可以有两种选择,对于有多重选择的情况,可以采用嵌套 if 语句来实现。嵌套 if 语句是指在 if 语句中还包含 if 语句。一个两层嵌套 if 语句的形式通常如下所示。

```
if(表达式1)
    if(表达式2)
        语句1
    else
        语句2
else
    if(表达式3)
        语句3
    else
        语句4
```

这种两层嵌套的 if 语句执行过程如下。

(1) 如果表达式1成立,并且表达式2成立,则执行语句1。

(2) 如果表达式1成立,并且表达式2不成立,则执行语句2。

(3) 如果表达式1不成立,并且表达式3成立,则执行语句3。

(4) 如果表达式1不成立,并且表达式3不成立,则执行语句4。

嵌套 if 语句的执行过程如图 4-3 所示。

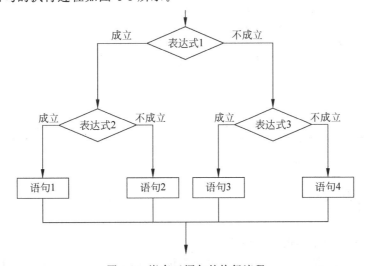

图 4-3 嵌套 if 语句的执行流程

1. 级联 if 语句

一种常见的形式是在 else 子句中嵌套 if 语句,此时 C 语言程序员通常会将 else if 组合在一起,形成一种特有的书写形式,即级联 if 语句,其形式通常如下所示。

```
if (表达式 1)
    语句 1
else if (表达式 2)
    语句 2
  ⋮
else if (表达式 n-1)
    语句 n-1
else
    语句 n
```

相对于传统的表示形式,级联 if 形式具有更高的可读性,并且可以避免嵌套层级过多时过度缩进的问题。

【例 4-9】 从键盘输入一个字符,判断其类型,见程序清单 4-13。将字符分为 4 种类型:小写字母、大写字母、数字、其他字符。

程序清单 4-13

```
1    #include <stdio.h>
2    int main(){
3        char ch;
4
5        printf("请输入一个字符: ");
6        ch = getchar();
7        if(ch >= 'A' && ch <= 'Z'){
8            printf("输入字符为大写字母.\n");
9        }else if(ch >= 'a' && ch <= 'z'){
10            printf("输入字符为小写字母.\n");
11        }else if(ch >= '0' && ch <= '9'){
12            printf("输入字符为数字\n");
13        }else{
14            printf("输入字符为其他字符\n");
15        }
16
17        return 0;
18    }
```

程序与用户的交互示例如下。

```
请输入一个字符: a↙
字符 a 为小写字母.
```

其中,代码第 7 行中的逻辑表达式 ch >= 'A' && ch <= 'Z' 是判断字符变量 ch 的值是否为大写字母的常用方法,上述表达式等价于直接和 'A'、'Z' 的 ASCII 码值比较,即 ch >= 65 && ch <= 90。

【例 4-10】　从键盘输入一个绝对值小于 10000 的整数,判断它是几位数,见程序清单 4-14。

程序清单 4-14

```
1    #include <stdio.h>
2    int main(){
3        int num, d0, d1, d2, d3;
4
5        printf("请输入一个不小于 10000 的整数：");
6        scanf("%d", &num);
7        d0 = num % 10;                        /*取个位上的数赋值给 d0 */
8        d1 = num/10 % 10;                     /*取十位上的数赋值给 d1 */
9        d2 = num/100 % 10;                    /*取百位上的数赋值给 d2 */
10       d3 = num/1000;                        /*取千位上的数赋值给 d3 */
11       if(d3 != 0){
12           printf("%d 是一个四位数.\n", num);
13       }else if(d2 != 0){
14           printf("%d 是一个三位数.\n", num);
15       }else if(d1 != 0){
16           printf("%d 是一个两位数.\n", num);
17       }else{
18           printf("%d 是一个一位数.\n", num);
19       }
20
21       return 0;
22   }
```

程序与用户的交互示例如下。

请输入一个不小于 10000 的整数：67↙
67 是一个两位数.

2. else 与 if 配对

else 子句不能单独使用,每个 else 子句必须和 if 子句成对出现。在嵌套的 if 语句中,需确保 else 子句和对应的 if 子句正确匹配。

【例 4-11】　写出程序清单 4-15 的输出结果。

程序清单 4-15

```
1    #include <stdio.h>
2    int main(){
3        int score;
4        printf("请输入学生成绩(0~100)：");
5        scanf("%d", &score);
6        if(score >= 0  && score <= 100)
7            if(score >= 60)
8                printf("及格!\n");
9        else
```

```
10          printf("非法输入!\n");
11    }
```

下面是程序运行三次的结果。

第一次：

请输入学生成绩(0~100): 60↙
及格!

第二次：

请输入学生成绩(0~100): 39↙
非法输入!

第三次：

请输入学生成绩(0~100): 120↙

不难看出，程序的输出结果和预期并不相同。原因在于代码第9行中的else子句并不是如程序的缩进格式所示和第6行中的if子句匹配，而是和离它最近的，而且没有和其他else配对的if子句，即第7行中的if子句匹配。因此，代码第6~10行所示的嵌套if语句等价于以下语句。

```
if(score >= 0  && score <= 100){
    if(score >= 60){
        printf("及格!\n");
    }else{
        printf("非法输入!\n");
    }
}
```

为了避免出现else if配对错误的情况，仍然建议在if和else子句中，不论执行语句有一条还是多条，都将其作为复合语句处理，即都用大括号括起。

4.3　switch 语句

基本形式的if语句可以根据一个判断条件形成两个处理分支。如果需要包含更多的处理分支，除了可以使用嵌套if语句之外，还可以使用C语言提供的可以描述多个处理分支的语句——switch语句。switch语句又称为开关语句，它可以根据一个表达式的值决定选择哪一个分支。switch语句语法形式如下。

```
switch(表达式)
{
    case E1:
        语句序列 1;
    case E2:
```

```
        语句序列 2;
            ⋮
    case En:
        语句序列 n;
    [default:
        语句序列;]
}
```

switch 关键字后面是用括号括起来的表达式，称为控制表达式，该表达式的类型必须为整型或字符型（C 语言将字符当作整数来处理），不能是实型或字符串。

case 关键字后面的表达式 E1、E2、…、En 必须是常量表达式。常量表达式中只能包含常量不能使用变量，例如，1、1+2、'a'都是常量表达式，而 a+b 不是常量表达式（除非 a、b 是事先定义好的符号常量）。这些常量表达式类型应为整型或字符型，且它们的值必须互不相同。

case E1：、case E2：、…、case En：、default：被称为分支标号（分支标号以冒号结束）。对分支标号的排列顺序是没有要求的。

在每个分支标号后面可以包含一组语句，不需要使用大括号将每组语句括起来。每组语句中的最后一条语句通常是 break 语句。

语法格式中用中括号括起来的部分是可选的。

switch 语句的执行过程如图 4-4 所示。

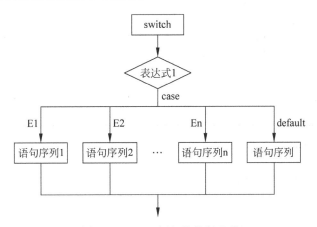

图 4-4　switch 语句的执行流程

首先计算控制表达式的值，然后将该值与常量表达式 E1、E2、…、En 的值依次进行比较，如果控制表达式的值等于 E1 的值，则执行语句序列 1；如果控制表达式的值等于 E2 的值，则执行语句序列 2；以此类推，如果控制表达式的值不等于 E1 至 En 中的任何一个值，则执行 default：分支标号后的语句序列（如果省略了 default：分支标号，则不执行任何语句）。

【例 4-12】 已知学生成绩的等级 grade 与分数 score 的对应关系如下。

$$grade = \begin{cases} A & 90 \leqslant score \leqslant 100 \\ B & 80 \leqslant score < 90 \\ C & 70 \leqslant score < 80 \\ D & 60 \leqslant score < 70 \\ E & 0 \leqslant score < 60 \end{cases}$$

编写程序实现学生等级对应的分数段的查询,如输入 A,输出 $90 <= score <= 100$。见程序清单 4-16。

程序清单 4-16

```
1    #include <stdio.h>
2    int main(){
3        char grade;
4        printf("请输入要查询的等级[A~E]: ");
5        grade = getchar();
6        switch(grade){
7            case 'A':
8                    printf("90 <= score <= 100\n");
9                    break;
10           case 'B':
11                   printf("80 <= score < 90\n");
12                   break;
13           case 'C':
14                   printf("70 <= score < 80\n");
15                   break;
16           case 'D':
17                   printf("60 <= score < 70\n");
18                   break;
19           case 'E':
20                   printf("0 <= score < 60\n");
21                   break;
22       }
23
24       return 0;
25   }
```

程序的运行结果如下。

```
请输入要查询的等级[A~E]: A↙
90 <= score <= 100
```

4.3.1 break 语句

在 switch 语句中,每个分支标号后的一组语句中的最后一条语句通常是 break 语句。考虑程序清单 4-16,如果将每个 case 子句中的 break 语句去掉,则代码如程序清单 4-17 所示。

程序清单 4-17

```
1    #include <stdio.h>
2    int main(){
3        char grade;
4        printf("请输入要查询的等级[A~E]: ");
5        grade = getchar();
```

```
6        switch(grade){
7            case 'A':
8                    printf("90 <= score <= 100\n");
9            case 'B':
10                   printf("80 <= score < 90\n");
11           case 'C':
12                   printf("70 <= score < 80\n");
13           case 'D':
14                   printf("60 <= score < 70\n");
15           case 'E':
16                   printf("0 <= score < 60\n");
17       }
18
19       return 0;
20   }
```

程序运行结果如下。

第一次：

```
请输入要查询的等级[A~E]: A↙
90 <= score <= 100
80 <= score < 90
70 <= score < 80
60 <= score < 70
0 <= score < 60
```

第二次：

```
请输入要查询的等级[A~E]: C↙
70 <= score < 80
60 <= score < 70
0 <= score < 60
```

第三次：

```
请输入要查询的等级[A~E]: E↙
0 <= score < 60
```

明显地，前两次输出的结果是错误的。原因在于 switch 语句是一种"基于比较的跳转"。当控制表达式的值与某个常量表达式的值相等时，程序便转移到相应的 case 子句处，开始执行 case 子句中的语句（这里，case 仅起到标识目标语句位置的作用，不能实现对多个处理分支的分割）。当执行完一个 case 子句后，如果没有 break 语句，程序将直接进入下一个处理分支，然后继续执行下一个分支内的语句。

4.3.2 多个 case 共享语句组

switch 语句的上述特性可以方便地实现多个 case 语句共享一组执行语句的情况。

【例 4-13】 接例 4-12,输入学生的分数 score,输出学生对应的等级。

本例可以采用级联 if 语句和 switch 语句两种方法实现。程序清单 4-18 为采用级联 if 语句实现成绩等级输出的代码。

程序清单 4-18

```
1    #include <stdio.h>
2    int main(){
3        int score;
4        char grade;
5        printf("请输入学生的分数[0~100]: ");
6        scanf("%d", &score);
7        if(score < 0 || score > 100){
8            printf("无效输入!\n");
9        }else if(score < 60){
10           grade = 'E';
11       }else if(score < 70){
12           grade = 'D';
13       }else if(score < 80){
14           grade = 'C';
15       }else if(score < 90){
16           grade = 'B';
17       }else{
18           grade = 'A';
19       }
20       printf("分数%d 对应的等级为%c.\n", score, grade);
21
22       return 0;
23   }
```

程序运行结果如下。

请输入学生的分数[0~100]:90↙
分数 90 对应的等级为 A.

程序清单 4-19 为采用 switch 语句实现成绩等级输出的代码。

程序清单 4-19

```
1    #include <stdio.h>
2    int main(){
3        int score;
4        char grade;
5        printf("请输入学生的分数[0~100]: \n");
6        scanf("%d", &score);
7        if(score < 0 || score > 100){
8            printf("无效输入!\n");
9        }else{
10           switch(score/10){
11               case 10:
```

```
12                  case 9:
13                      grade = 'A';
14                      break;
15                  case 8:
16                      grade = 'B';
17                      break;
18                  case 7:
19                      grade = 'C';
20                      break;
21                  case 6:
22                      grade = 'D';
23                      break;
24                  default:
25                      grade = 'E';
26              }
27              printf("分数%d对应的等级为%c.\n", score, grade);
28          }
29
30      return 0;
31  }
```

　　上述代码中采用了一个小技巧，即将每个等级对应的区间用整数进行了表示，如将区间 $80\leqslant score<90$ 用整数 8 表示，因为这个区间的任何数整除 10 的结果都是 8，而且如果某个整数整除 10 的结果是 8，那么该数一定在区间中。需要注意的是对于 100 的处理，因为 $100<score<110$ 时整除 10 的结果都是 10，且该区间的值都是无效的成绩。针对这种情况，程序采用的方法是先进行数据的校验，即如果输入的成绩无效，则不做处理。

4.4　本章小结

　　C 语言中的关系运算符包括 $>=$、$>$、$<=$、$<$、$==$、$!=$。关系表达式由关系运算符连接表达式组成。关系运算符是一个二元运算符，它的操作数可以为整型、浮点型和字符型。C 语言允许关系运算的两个操作数具有不同的类型，此时在进行关系运算前会进行隐式类型转换。关系表达式的类型为 int 类型，其值只能为 0 或 1。如果关系成立，值为 1；否则值为 0。

　　C 语言中的逻辑运算符包括 && (逻辑与)、|| (逻辑或)和! (逻辑非)。逻辑运算符也是一个二元运算符，它的两个操作数可以为任意表达式，若表达式的值为 0，则会被认为是"假"，否则为真。在进行 && 运算时，若运算符左侧的表达式的值为 0，那么 C 语言不会计算其右侧的表达式。同理，在进行 || 运算时，若运算符左侧的表达式的值为 1，那么 C 语言不会计算其右侧的表达式，这一特性被称为逻辑与和逻辑或的短路特性。

　　if 语句有简单形式的 if 语句、if-else 语句、嵌套 if 语句等实现方式。在嵌套 if 语句中，C 语言会自动将 else 子句与离它最近的且未与其他 else 配对的 if 子句配对，配对规则与代码的缩进位置无关。为了避免配对错误的情况发生，建议将 if 和 else 中的执行语句用大括号括起。

switch 语句可以处理多路分支的问题,但 switch 语句的使用具有比较严格的限制。首先,switch 语句的控制表达式的类型必须是整型或字符型;其次,case 后的表达式必须是常量表达式。switch 语句可以根据控制表达式的值自动跳转到相应的 case 语句中执行。如果需要跳出 switch 语句,则需要执行 break 语句,否则程序会顺序向下执行到 switch 的末尾。

练 习 题

一、选择题

1. if 语句的基本形式是:"if(表达式)语句",以下关于"表达式"值的叙述中正确的是(　　)。

    A. 必须是逻辑值　　　　　　　　　　B. 必须是整数值

    C. 必须是正数　　　　　　　　　　　D. 可以是任意合法的数值

2. 执行以下程序:

```c
#include <stdio.h>
int main() {
    int s,t,a,b;
    scanf("%d%d",&a,&b);
    s=1;t=1;
    if(a>0)
        s=s+1;
    if(a>b)
        t=s+t;
    else if(a==b)
        t=5;
    else
        t=2*s;
    printf("t=%d\n",t);
    return 0;
}
```

要使输出结果为:t=4,给 a 和 b 输入的值应该满足的条件是(　　　)。

    A. a>b　　　　　B. a<b<0　　　　　C. 0<a<b　　　　　D. 0>a>b

3. 运行如下的程序段后,i 的值为(　　)。

```c
#include <stdio.h>
int main() {
    int i=10;
    switch(i)
    {
        case 9:
            i+=1;
        case 10:
            i+=1;
        case 11:
            i+=1;
        case 12:
```

```
            i+=1;
    }
    printf("%d\n",i);
    return 0;
}
```

    A. 13   B. 12   C. 10   D. 11

二、填空题

1. 程序设计的三种基本结构有：_____、_____、_____。

2. 表示"整数 x 的绝对值大于 5"时值为"真"的 C 语言表达式是_____。

3. 若 a=0,b=0.5,x=0.3,则 a<=x<=b 的值为_____。

4. 以下程序的输出结果是_____。

```
int main( ) {
    char c = 'c';
    int i = 1,j = 2,k = 3;
    float x = 3e + 5,y = 0.85;
    printf("%d, %d\n", 'a' + 1 < c, -i - 2 *j >= k + 1);
    printf("%d, %d\n", 1 < j < 5 , x - 5.25 <= x + y);
    printf("%d, %d\n", i + j + k == -2 *j, k==j==i + 5);
    return 0;
}
```

5. 以下程序的输出结果是_____。

```
int main( ) {
    char c = 'c';
    int i = 1,j = 2,k = 3;
    float x = 3e + 5,y = 0.85;
    printf("%d,%d\n", !x *!y, !!!x);
    printf("%d,%d\n", x || i && j-3, i < j && x < y);
    printf("%d,%d\n", i == 5 && c && (j==8), x + y || i + j + k);
    return 0;
}
```

三、编程题

1. 编写程序,输入一个整数,打印出它是奇数还是偶数。

2. 编写程序,判断某一年是否为闰年。

3. 判断输入的正整数是否既是 5 又是 7 的整倍数。若是,输出 yes,否则输出 no。

4. 编写程序,要求键盘输入 3 个数,判断以这 3 个数为长度的线段是否能构成三角形。

5. 输入圆的半径 r 和一个整型数 k。当 k=1 时,计算圆的面积;当 k=2 时,计算圆的周长;当 k=3 时,既要求圆的周长又要求圆的面积。

6. 输入一个字符,如果是大写字母则转换为小写字母,如果是小写字母则转换为大写。

7. 编写一个程序,从键盘上输入 4 个整数,输出其中的最小值。

8. 苹果店有四个等级的苹果,一级为 5.50 元/千克,二级为 4.30 元/千克,三级为 3.00 元/千克,四级为 2.50 元/千克。利用 switch 语句编写一个程序,输入苹果等级数量及顾客付款数,显示苹果等级数量、应付款及找给顾客的钱。当应付款与顾客所给的钱不合要求时,显示 data error,结束程序。

第5章 程序控制结构——循环结构

循环(Loop)结构可以实现语句或语句块的重复执行。在 C 语言中,每种循环都有一个控制表达式。每次执行循环体(重复执行循环体中的语句一次)时都要计算控制表达式的值,如果表达式的值为非 0 值(真),那么继续执行循环体,否则退出循环体。C 语言中的循环结构分为当型循环和直到型循环两种,具体包括 while 语句、do-while 语句和 for 语句三种实现方式。本章将重点对这三种循环结构的使用方法展开讨论。

本章 5.1 节介绍 while 语句的使用;5.2 节详细讨论 for 循环的使用方法;5.3 节介绍 do-while 语句的用法;5.4 节重点讨论 break 和 continue 两种控制语句在循环结构中的作用;5.5 节介绍嵌套循环的使用;5.6 节是对本章的知识点进行总结。

5.1 while 语句

5.1.1 引例

【例 5-1】 编写程序输出 $1+2+3+\cdots+100$ 的值。

在数学中如何计算上述公式的值?通常的方法是先求 1 和 2 的和,然后用 1 和 2 的和与 3 求和,以此类推,对应的方法如下。

方法 1:

$$sum2 = 1 + 2$$
$$sum3 = sum2 + 3$$
$$sum4 = sum3 + 4$$
$$\vdots$$
$$sum100 = sum99 + 100$$

sum100 的值即是所求的结果。

方法 2:在方法 1 中,sum2、sum3 等使用一次后即不再使用,因此,上述方法可以只用一个变量表示。即:

$$sum = 1 + 2$$
$$sum = sum + 3$$
$$sum = sum + 4$$
$$\vdots$$
$$sum = sum + 100$$

分析方法 2 可以发现除了 sum＝1+2 之外,其他方法的计算形式都是一样的,即

$$sum = sum + i$$

各次计算的区别在于 i 值的不同，而且下一次计算的 i 值正好比上一次计算的 i 值多 1。事实上，若令 sum＝1，则 sum＝1＋2 也可以表示为 sum＝sum＋i 的形式。因此，若令 sum＝1，i＝2，方法 2 可以如下表示。

$$sum = sum + i$$
$$i = i + 1$$
$$sum = sum + i$$
$$i = i + 1$$
$$\vdots$$
$$sum = sum + i$$
$$i = i + 1$$

不难看出，方法 2 本质上是重复(循环)计算 sum＝sum＋i 和 i＝i＋1。当 i<＝100 时进行重复计算，或者说直到 i>100 停止循环。这在 C 语言中可以采用当型循环语句(while)和直到型循环语句(do-while)实现。

5.1.2 while 语句的使用

while 语句是最基本的循环语句，其语法格式如下。

```
while (表达式)
    循环体
```

其中，小括号中的表达式即控制表达式，用于描述循环执行的条件。循环体部分可以是以分号结尾的简单语句，也可以是用大括号括起来的复合语句。while 语句的执行流程如图 5-1 所示。

具体的执行流程如下。

(1) 计算控制表达式的值，如果表达式的值为非 0 值，即表达式为真，则转向(2)；否则转向(3)。

(2) 执行循环体，然后转向(1)。

(3) 终止循环，程序转移到 while 语句后面的语句。

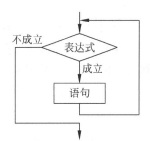

图 5-1 while 语句的执行流程

考虑例 5-1，采用 while 语句实现的代码如程序清单 5-1 所示。

程序清单 5-1

```
1    #include <stdio.h>
2    int main(){                    循环初始条件
3        int sum = 1, i = 2;
4                                    循环条件
5        while(i <= 100){
6            sum = sum + i;    /*可简化为 sum += i;*/    循环体
7            i = i + 1;        /*可简化为 i++; 或 ++i */
8        }
```

```
9
10        printf("1 + 2 + … + 100 = %d\n", sum);
11
12        return 0;
13    }
```

程序的运行结果如下。

```
1 + 2 + … + 100 = 5050
```

实现一个循环结构通常需要明确三部分内容：①循环初始条件，即给在循环体中使用的变量，如程序清单 5-1 中的 sum 和 i 变量，置一个适当的初值。②循环执行的条件，如程序清单 5-1 中的循环条件是 i≤100，即当 i≤100 时执行循环体。其中，变量 i 通常称为循环变量，即控制循环的变量。③循环体，即每次循环执行的语句。需要注意的是，通常情况下，一个合理的循环应该保证每执行一次循环体，就离循环结束条件更近一步，因此在循环体中应该有修改循环变量的语句，如程序清单 5-1 中的 i＝i＋1，每执行一次该语句，i 的值就离 100 更接近一步。

思考： 如果令变量 sum 的初值为 0，变量 i 的初值为 1，程序的运行结果是否相同？

不难看出，修改了 sum 和 i 的初值只是增加了循环体的执行次数，并没有影响程序的结果。修改前，循环体从 i=2 时执行，一直到 i=101 时结束执行（i=101 时没有执行循环体），共执行了 99 次；修改后，循环体从 i=1 时执行，一直到 i=101 时结束执行，共执行了 100 次。

【例 5-2】 输入一个正整数 n(n≤20)，输出 n!。

本例是一个累乘问题，与累加类似。但需要考虑的是阶乘的数值，因为当 n=13 时，n! 就已经超出了 int 的表示范围；当 n=21 时，n! 会超出 unsigned long long 类型的表示范围。此时需要进行特殊的处理。本例只考虑 n≤20 的情况，具体如程序清单 5-2 所示。

程序清单 5-2

```
1    #include <stdio.h>
2    int main() {
3        long long fac = 1;
4        int i = 2, n;
5
6        printf("请输入一个小于等于 20 的正整数: ");
7        scanf("%d", &n);
8        while(i <= n) {
9            fac *= i;
10           i++;
11       }
12
13       printf("%d! = %lld\n", n, fac);
14
15       return 0;
16   }
```

程序与用户的交互示例如下。

第一次运行：

请输入一个小于等于 20 的正整数：20 ↙
20! = 2432902008176640000

第二次运行：

请输入一个小于等于 20 的正整数：21 ↙
21! = -4249290049419214848

不难看出，当输入 21 时，由于运算结果超出了 long long 类型的表示范围，输出预料之外的结果。

while 语句通常用于循环次数不能确定的情况，如例 5-3 所示。

【例 5-3】 已知 $e = \dfrac{1}{0!} + \dfrac{1}{1!} + \dfrac{1}{2!} + \dfrac{1}{3!} + \cdots$，编写程序计算 e 的值，直到最后一项 $\left(\text{即} \dfrac{1}{n!}\right)$ 的值小于 0.00001 为止。

与前面的两个例子不同，尽管本例知道循环终止的条件，但无法直接确定循环执行的次数。因此，本例的循环变量应该是每一项的值。另外，计算 $1/n!$ 有两种方法，一种是先计算 $n!$，然后再计算 $1/n!$；另外一种是直接根据 $1/(n-1)!$ 计算 $1/n!$，即 $1/n! = (1/(n-1)!)/n$。本例采用第二种方式，具体实现如程序清单 5-3 所示。

程序清单 5-3

```
1    #include <stdio.h>
2    int main(){
3        double e = 1, i = 1, item = 1;
4
5        while(item >= 0.00001){
6            e += item;
7            i++;
8            item /= i;
9        }
10
11       printf("e = %lg\n", e);
12   }
```

程序的运行结果如下。

e = 2.71828

【例 5-4】 输入一行字符，分别统计其中英文字母、空格、数字和其他字符的个数。

这又是一个循环次数不确定的例子，循环的次数由用户输入的字符数决定。当程序读入的字符为换行符，即 '\n' 时，程序退出循环。具体实现如程序清单 5-4 所示。

程序清单 5-4

```
1    #include <stdio.h>
2    int main(){
3        int letter = 0, digit = 0, space = 0, other = 0;
4        char ch;
5
6        ch = getchar();
7        while(ch != '\n'){
8            if((ch >= 'A' && ch <= 'Z') ||
9                (ch >= 'a' && ch <= 'z')){
10               letter++;
11           }else if(ch >= '0' && ch <= '9'){
12               digit++;
13           }else if(ch == ' '){
14               space++;
15           }else{
16               other++;
17           }
18
19           ch = getchar();
20       }
21
22       printf("字母:%d, 数字:%d, 空格:%d, 其他字符:%d\n",
23               letter, digit, space, other);
24       return 0;
25   }
```

在程序清单 5-4 中,代码第 3 行声明了四个变量,分别对应字母、数字、空格和其他字符的个数。需要注意的是,这些用于计数的变量一定要初始化为 0。尽管有些编译器会自动将整型变量初始化为 0,但有些编译器则不作处理,此时变量的值为一个随机值,可能得到一个错误的结果。代码第 6 行和第 19 行中 ch＝getchar();出现了两次,第一次出现在 while 循环前,因为第一次循环的时候应该首先读取一个字符才能进行判断;第二次出现在 while 循环体的最后,因为当前字符处理结束后应该继续读取下一个字符。事实上,这两行代码可以合并到 while 语句的表达式中,如 while((ch＝getchar())!＝'\n')。相应地,代码第 6～20 行可以用以下代码替换。

```
while ((ch = getchar()) != '\n'){
    if((ch >= 'A' && ch <= 'Z') ||
        (ch >= 'a' && ch <= 'z')){
    ...
    else{
        other++;
    }
}
```

表达式((ch = getchar()) != '\n')是判断赋值表达式(ch = getchar())的值是否不等于'\n';赋值表达式 ch＝getchar()的值即 ch 的值。

5.2 for 语句

for 语句是一个形式灵活、功能强大的、实现当型循环的语句,它通常应用在循环次数固定的循环结构的实现中,同时也可以应用在其他类型的循环结构中。for 语句的语法格式如下。

```
for(表达式 1; 表达式 2; 表达式 3)
    循环体
```

其中,表达式 1 和表达式 2 后面的分号是必需的,这里的分号是分隔符;表达式 3 后面没有分号。循环体可以是一条以分号结尾的简单语句或多条用大括号括起来的复合语句。为了增加程序的可维护性,避免因未对多条循环体语句加大括号引起的逻辑错误,建议无论循环体中是否只有一条简单语句都加大括号,即都当作复合语句来处理。

for 语句的执行流程如下。

(1) 计算表达式 1 的值。

(2) 计算表达式 2 的值,如果该值不为 0(即值为真),则转向(3);否则终止循环,程序转移到 for 语句后面的语句。

(3) 执行循环体。

(4) 计算表达式 3 的值,然后转向(2)。

具体的执行流程如图 5-2 所示。

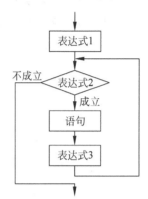

图 5-2 for 语句的执行流程

程序清单 5-5 所示为用 for 语句计算 1+2+…+100 的代码。

程序清单 5-5

```
1    #include <stdio.h>
2    int main(){
3        int sum = 0, i;
4
5        for(i = 0; i <= 100; i++){
6            sum += i;
7        }
8
9        printf("1 + 2 + … + 100 = %d\n", sum);
10
11       return 0;
12   }
```

程序的运行结果如下。

```
1 + 2 + … + 100 = 5050
```

程序清单 5-5 所示为 for 语句的一种典型使用场景。在执行之前就知道循环次数的循环称为计数循环(Counting Loop)。创建一个循环次数固定的循环通常包括以下三步。

（1）初始化循环变量。

（2）表示并判定循环条件。

（3）修改循环变量，以使循环趋于结束。

for 循环把上面三类操作组合在一处，分别由其三个表达式实现。

表达式 1 用于初始化，而且仅执行一次。通常使用赋值表达式指定循环变量的初始值。

表达式 2 描述循环条件，用于控制循环的结束。通常使用关系表达式或逻辑表达式。每次执行循环体前都要对表达式 2 进行判断。

表达式 3 在每次循环体执行后被执行，用于修改循环变量的值。通常使用赋值表达式或自增/自减表达式。

【例 5-5】 求斐波那契数列的前 40 项，每行输出 4 项。见程序清单 5-6。

斐波那契数列的定义如下。

$$F(n) = \begin{cases} 1 & (n=1) \\ 1 & (n=2) \\ F(n-1)+F(n-2) & (n>2) \end{cases}$$

程序清单 5-6

```
1    #include <stdio.h>
2    int main(){
3        int fn_1 = 1, fn_2 = 1, fn, n;
4
5        printf("%10d%10d", fn_1, fn_2);
6        for(n = 3; n <= 40; n++){
7            fn = fn_1 + fn_2;
8            printf("%10d", fn);
9            if(n % 4 == 0){
10               printf("\n");
11           }
12           fn_2 = fn_1;
13           fn_1 = fn;
14       }
15
16       return 0;
17   }
```

代码第 5 行和代码第 10 行指定每个数输出时的域宽都为 10，这是为了每行数据对齐的需要。代码第 6 行的 for 语句确定了循环的次数，即循环变量 n 从 3 开始一直运行到 40，共执行了 38 次。代码第 7 行到第 13 行为循环体语句。循环体中主要实现了三个功能：①计算 fn 的值（第 7 行）；②输出 fn 的值（第 8～11 行）；③为计算下一项的值做准备，即将原来的第 n−1 项变为第 n−2 项（第 12 行），当前项变为第 n−1 项（第 13 行）。

需要说明的是，代码第 9～11 行实现了每行输出 4 个数的要求。由于循环变量 n 的值正好和输出的数的个数相同，因此当循环变量 n 除以 4 的余数为 0，即 n 为 4 的倍数的时候，输出换行符换行。

程序的运行结果如下。

1	1	2	3
5	8	13	21
34	55	89	144
233	377	610	987
1597	2584	4181	6765
10946	17711	28657	46368
75025	121393	196418	317811
514229	832040	1346269	2178309
3524578	5702887	9227465	14930352
24157817	39088169	63245986	102334155

5.2.1 使用 for 语句的注意事项

for 语句的使用非常灵活,通常使用三个表达式控制循环,但 C 语言允许省略任意或全部表达式。下面以程序清单 5-5 为例讨论省略 for 语句的表达式时需要注意的问题。

(1) 如果省略表达式 1,那么需要在 for 语句之前完成变量的初始化。

```
i = 1;
for (; i <= 100; i++){
    sum += i;
}
```

在这个例子中,变量 i 通过一条单独的赋值语句实现了初始化,因此 for 语句中省略了表达式 1。注意,此时表达式 1 后面的分号必须保留。

(2) 如果省略表达式 3,那么需要在循环体中包含修改循环变量使循环趋于结束的操作。

```
for (i = 1; i <= 100; ){
    sum += i;
    i++;      /*修改循环变量,使循环趋于结束*/
}
```

事实上,上述代码是将表达式 3 移动到循环体中。

(3) 如果同时省略表达式 1 和表达式 3,此时的 for 语句和 while 语句等价。例如:

```
for (; i <= 100; ){
    sum += i;
    i++;
}
```

等价于

```
while (i <= 100) {
    sum += i;
    i++;
}
```

(4) 如果省略表达式 2,那么表达式 2 默认为真值,此时循环条件始终成立,应该通过其他方式使 for 语句终止,如使用 break 语句。

5.2.2 逗号运算符

在使用 for 语句时,如果需要包含更多表达式,比如需要在表达式 1 中同时对多个变量进行初始化,可以使用逗号运算符来实现。

在 C 语言中,逗号运算符主要用于连接两个表达式,用符号",",表示。形如"左表达式,右表达式"的式子称为"逗号表达式"。由逗号运算符连接的两个表达式从左向右依次计算。先计算左表达式的值,并且丢弃该值,再计算右表达式的值。逗号表达式的值和类型取右表达式的值和类型。例如,表达式"(1+2),(3+4)"的值为 7。

逗号运算符的优先级最低。例如,i=1 * 2,3 * 4 等价于"(i=1 * 2),(3 * 4)"。

即先计算左表达式 i=1 * 2,使 i 被赋值为 2,然后计算右表达式 3 * 4 得结果 12,逗号表达式的值也为 12。

注意:

(1) 逗号运算符明确规定了子表达式从左向右计算。例如,假设 i=1,表达式"a=i,i++"的运算顺序是变量 a 先被赋值为 i,然后变量 i 自增 1。

(2) 逗号运算符会丢弃左表达式的值,但不会忽略左表达式的计算。例如,表达式"a=1,b=2"将使变量 a 被赋值为 1,变量 b 被赋值为 2;表达式"i++,j++"将使变量 i、j 的值分别加 1。

(3) 注意逗号运算符和作为标点符号的逗号的区别。例如,假设 a=1,b=2,c=3,则语句 printf("%d %d %d",a,b,c);执行后输出结果如下。

1 2 3

其中,逗号是标点符号,用于分隔函数的三个实际参数。

语句 printf("%d %d %d",a,(b,c),c);执行后输出结果如下。

1 3 3

其中,(b,c)是一个逗号表达式,它表示一个要被输出的数据,其值为 3。

通常,使用逗号运算符只是为了连接多个表达式,并让这些表达式依次被计算,很少会使用逗号表达式本身的值。

逗号运算符经常用于 for 语句,通过在 for 语句的表达式 1 或表达式 3 中使用逗号表达式,可以同时对多个变量进行初始化或同时使多个变量自增/自减。

【例 5-6】 输入一个大于 1 的正整数 n,判断 n 是否为素数。见程序清单 5-7。

程序清单 5-7

```
1    #include <stdio.h>
2    int main(){
3        int num, isPrime, i;
4
5        printf("请输入一个大于 1 的正整数:");
6        scanf("%d", &num);
```

```
7          for(isPrime = 1, i = 2; i < num && isPrime; i++){
8              if(num % i == 0){
9                  isPrime = 0;
10             }
11         }
12
13         if(isPrime){ /*等价于 if (isPrime == 1){ */
14             printf("%d 是素数.\n", num);
15         }else{
16             printf("%d 不是素数.\n", num);
17         }
18
19         return 0;
20  }
```

素数(Prime Number)是指除了能被 1 及其自身整除外,不能被其他任何整数整除的正整数(1 不是素数)。如 5 除了能被 1 和 5 整除外,不能被其他整数整除,因此 5 是一个素数。判断一个正整数 n 是否为素数的基本方法为:将 n 依次整除 2,3,…,n−1,如果能被其中任意一个数整除,那么 n 不是素数;否则,n 就是素数。

由于只要 n 能被 2～n−1 之间的任意一个整数整除就可以明确 n 不是素数,此时没有必要继续判断 n 是否能被后续的整数整除,为了节省计算资源,程序清单中引入了一个标志变量 isPrime,该变量初始值为 1,即假定输入的数 num 是一个素数。代码第 7 行中,for 语句的表达式 1 是一个逗号表达式,其子表达式为两个赋值表达式;表达式 2 即循环条件为 i<num && isPrime,该表达式等价于 i<num && (isPrime==1),即如果 i 的值小于 num,且到目前还没有确定 num 不是素数,那么继续循环。

代码第 8 行判断 num 变量的值是否能被 i 整除,即 num 除以 i 的余数为 0。若能被 i 整除,那么确定 num 不是素数,置 isPrime 变量为 0(第 9 行)。

程序清单 5-7 与用户的交互示例如下。

第一次运行:

```
请输入一个大于 1 的正整数: 2↙
2 是素数.
```

第二次运行:

```
请输入一个大于 1 的正整数: 14↙
14 不是素数.
```

5.2.3 应用实例

除了如 for(i = 0; i < n; i++)这种常用的使用方法外,for 循环还有其他多种使用方式。本小节将通过几个例子演示 for 循环其他几种典型的用法。

(1) 表达式 3 除了可以为递增表达式外,还可以是递减表达式、复合赋值表达式等其他表达式。

【例 5-7】 输入一个正整数 n,输出不大于 n 的所有奇数的和。见程序清单 5-8。

程序清单 5-8

```
1   #include <stdio.h>
2   int main(){
3       int num, sum, i;
4
5       printf("请输入一个正整数: ");
6       scanf("%d", &num);
7       for(sum = 0, i = 1; i <= num; i += 2){
8           sum += i;
9       }
10      printf("不大于%d 的奇数的和为%d.\n", num, sum);
11
12      return 0;
13  }
```

程序清单 5-8 第 7 行中,for 循环的表达式 3 为 i+=2,因为奇数之间的间隔为 2。程序运行结果如下。

```
请输入一个正整数: 9↙
不大于 9 的奇数的和为 25.
```

(2) 除了用数字计数之外,也可以使用字符来计数。

【例 5-8】 按顺序输出所有小写字母的 ASCII 码值。见程序清单 5-9。

程序清单 5-9

```
1   #include <stdio.h>
2   int main(){
3       char ch;
4
5       for(ch = 'a'; ch <= 'z'; ch++){
6           printf("%c\t%d\n", ch, ch);
7       }
8       return 0;
9   }
```

代码第 5 行中 for 语句的循环变量是 char 类型。由于字符在计算机内部是以整数形式存储的,因此该循环本质上还是用的整数来计数。程序的运行结果如下(由于篇幅有限,省略了大部分输出)。

```
a    97
b    98
⋮
y    121
z    122
```

（3）for 语句的表达式 2 除了可以测试循环次数外，还可以测试其他条件。

【例 5-9】 输入一个正整数 n，输出平方值大于 n 的最小的正整数。例如，若 n 的值为 99，则平方值大于 99 的最小正整数为 10。见程序清单 5-10。

程序清单 5-10

```
1    #include <stdio.h>
2    int main(){
3        int n, i;
4
5        printf("请输入一个正整数: ");
6        scanf("%d", &n);
7        for(i = 1; i * i <= n; i++){
8            ;
9        }
10       printf("平方值大于%d 的最小正整数为%d.\n", n, i);
11   }
```

程序清单 5-10 的第 8 行代码是一个空语句，因为 for 循环的循环体什么都不用做，第 7～9 行代码有时会被简写为

```
for (i = 1; i * i <= n; i++);
```

然而，该方法可读性不如程序清单 5-10，建议读者采用程序清单 5-10 中的编程风格。程序的运行结果如下。

请输入一个正整数：99↙
平方值大于 99 的最小正整数为 10.

总而言之，C 语言对 for 循环的表达式并没有严格的规定，读者完全可以在理解 for 语句的执行流程的前提下，根据自己的需求选择使用不同的表达式。

5.3 do-while 语句

do-while 是 C 语言中直到型循环的实现语句。do-while 循环和 while 循环的区别在于 while 循环是一个入口条件循环，即在每次执行循环体之前检查循环条件；而 do-while 循环是一个出口条件循环，即在每次执行完之后再判断循环条件是否成立，这保证了循环体至少执行一次。do-while 语句的语法格式如下。

```
do
    循环体
while (表达式);
```

和 while 语句一样，表达式用于描述循环条件，循环体可以是一条简单语句或一个复合语句。需要注意的是，do-while 语句是以分号结尾的。

do-while 语句的执行流程如下。

（1）执行循环体。

（2）计算表达式的值，如果表达式的值不为 0（即值为真），则转向（1）；否则转向（3）。

（3）循环过程终止，程序转移到 do-while 语句后面的语句。

具体执行流程如图 5-3 所示。

程序清单 5-11 展示了用 do-while 实现例 5-1，即求 1＋2＋3＋…＋100 的值的代码。

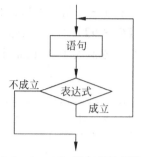

图 5-3　do-while 语句的执行流程

程序清单 5-11

```
1    #include <stdio.h>
2    int main(){
3        int sum = 1, i = 2;
4
5        do{
6            sum = sum + i;
7            i = i + 1;
8        }while(i <= 100);
9
10       printf("1 + 2 + … + 100 = %d\n", sum);
11
12       return 0;
13   }
```

程序清单 5-11 和程序清单 5-1 除了分别使用的是 while 语句和 do-while 语句之外，并没有任何区别，两个程序的输出结果完全相同。但在某些情况下，使用 do-while 语句和使用 while 语句会造成输出结果的差异。

【例 5-10】　输入一个整数，判断它是几位数。

判断整数位数的方法是将输入的整数反复除以 10，直到结果等于 0 为止，在这个过程中进行的除法次数即为整数的位数（即整数中包含的数字个数）。算法设计如下。

（1）输入一个数存入 num 变量。

（2）将记录整数位数的变量 digits 初始化为 0。

（3）digits＝digits＋1。

（4）num＝num/10，转到步骤（3）继续执行。

（5）如果 num 不等于 0，则转到步骤（3）执行。

（6）输出 digits 的值。

程序清单 5-12 采用 do-while 语句实现了上述算法。

程序清单 5-12

```
1    #include <stdio.h>
2    int main(){
3        int num, numCopy, digits = 0;
4        printf("请输入一个整数: ");
```

```
5        scanf("%d", &num);
6        numCopy = num;
7        do{
8            digits++;
9            num = num/10;
10       }while(num != 0);
11       printf("%d是一个%d位数.\n", numCopy, digits);
12
13       return 0;
14   }
```

程序与用户的交互示例。

第一次执行：

> 请输入一个整数：-123↙
> -123是一个3位数.

第二次执行：

> 请输入一个整数：0↙
> 0是一个1位数.

由于do-while语句是先执行循环体,再判断循环条件,因此对于需要至少执行一次循环体的循环结构来说非常方便。程序清单5-12恰好利用了这一点,因为对于每个整数(包括整数0),都至少有一位数字。

另外,在程序清单5-12中,由于num是一个循环变量,每次执行循环体时都会修改num的值。为了在第11行能输出用户的输入值,代码第6行在执行循环之前先把num的值赋给了numCopy变量,即由numCopy变量保存用户的输入值。

对程序清单采用while语句替换do-while语句,如程序清单5-13所示。

程序清单 5-13

```
1    #include <stdio.h>
2    int main(){
3        int num, numCopy, digits = 0;
4
5        printf("请输入一个整数: ");
6        scanf("%d", &num);
7        numCopy = num;
8        while(num != 0){
9            digits++;
10           num = num/10;
11       }
12       printf("%d是一个%d位数.\n", numCopy, digits);
13
14       return 0;
15   }
```

程序与用户的交互示例如下。

第一次执行：

```
请输入一个整数：-123↙
-123 是一个 3 位数.
```

第二次执行：

```
请输入一个整数：0↙
0 是一个 0 位数.
```

不难看出，当输入 0 时，程序清单 5-13 的结果是错误的(0 应该是一个一位数)。这也说明 while 和 do-while 并不是直接替换的。为了保证结果正确，可在程序清单 5-13 的第 8 行代码前加一条判断语句。

```
if (num == 0){
    digits = 1;
}
```

很明显，使用 do-while 语句的程序清单 5-12 更简洁。

5.4　break 和 continue 语句

5.4.1　break 语句

前面已经讨论了 break 语句在 switch 语句中的使用方法，它可以使程序的执行从 switch 语句中跳转出来。break 语句还可以用在 while、do-while、for 语句中，使程序跳转到循环外执行，从而使循环立即终止。

考虑例 5-6，在程序清单 5-7 中，程序声明了 isPrime 变量，默认变量 num 是一个素数，若存在一个整数能够整除 num，则 isPrime 赋值为 0，程序不满足循环条件，退出循环。是否可以不使用 isPrime 变量而实现判断素数的功能呢？通过 break 语句可以满足该要求，如程序清单 5-14 所示。

程序清单 5-14

```
1    #include <stdio.h>
2    int main(){
3        int num, i;
4
5        printf("请输入一个大于 1 的正整数：");
6        scanf("%d", &num);
7        for(i = 2; i < num; i++){
8            if(num % i == 0){
9                break;
```

```
10              }
11          }
12
13      if(i < num){
14              printf("%d 不是素数.\n", num);
15      }else{
16              printf("%d 是素数.\n", num);
17      }
18
19      return 0;
20  }
```

代码第 9 行为一条 break 语句,当 num 变量的值能被 i 整除时,将会执行 break 语句,此时程序会跳出 for 循环,转到代码第 13 行执行。由于程序是直接从 for 循环体中跳出的,也就是说此时仍然满足程序条件,因此若 i＜num,即循环条件成立,则程序一定执行了 break 语句;若程序执行 break 语句,则一定是条件 num ％ i＝＝0 成立,也即 num 能被 i 整除,此时 num 一定不是素数。反之,如果执行代码第 13 行时 i＞＝num,即循环条件不成立,则程序一定是执行完循环后正常退出循环的,即程序没有执行 break 语句,那么条件 num ％ i＝＝0 一直没有成立,这说明 num 不能被任意 i 整除,因此 num 是一个素数。

程序与用户的交互示例如下。

第一次运行:

```
请输入一个大于 1 的正整数: 2✔
2 是素数.
```

第二次运行:

```
请输入一个大于 1 的正整数: 14✔
14 不是素数.
```

对于循环的退出点在循环体的中间而非循环体之前或之后的情况,break 语句特别有用。

【例 5-11】 输入任意多个正整数,以 −1 结束,输出这些整数的和。见程序清单 5-15。

程序清单 5-15

```
1   #include <stdio.h>
2   int main(){
3       int n, sum = 0;
4
5       printf("请输入多个正整数(以-1 结束): ");
6       while( 1 )
7       {
8           scanf("%d", &n);
9           if(n == -1){
10              break;
11          }
```

```
12              sum += n;
13          }
14          printf("输入的正整数的和为: %d\n", sum);
15
16          return 0;
17      }
```

代码第 6 行中 while 语句的控制表达式为常量 1，即表达式的值恒为非零值，因此程序会一直执行下去。代码第 9~11 行是循环的实际退出点，即当输入的数为 −1 的时候，执行 break 语句，跳出循环。

程序与用户的交互示例如下。

第一次运行：

请输入多个正整数（以−1 结束）：12✓
13✓
−1✓
输入的正整数的和为：25

第二次运行：

请输入多个正整数（以−1 结束）：11 24 −1✓
输入的正整数的和为：35

需要说明的是，两次运行时输入多个正整数的方式不同，第一次运行以换行符作为分隔符，而第二次运行则以空格作为分隔符，两种输入方式都能得到正确的运行结果。

5.4.2　continue 语句

continue 语句也是跳转语句，尽管它不能跳出循环，但可以跳到循环体的最后，即在本次循环中不执行 continue 后的循环体中的语句。下面通过一个例子来看一下 continue 语句的使用。

【例 5-12】　循环读入 10 个非零数，输出它们的和。见程序清单 5-16。

程序清单 5-16

```
1    #include <stdio.h>
2    int main(){
3        int sum = 0, num, count = 0;
4
5        while(count < 10){
6            scanf("%d", &num);
7            if(num == 0){
8                continue;
9            }
10           sum += num;
```

```
11          count++;
12      }
13      printf("10个非零整数的和为%d.\n", sum);
14
15      return 0;
16  }
```

在程序清单 5-16 中，如果输入的整数为 0，那么程序会执行第 8 行代码，即 continue 语句，此时程序会跳过循环体中 continue 后面的语句，结束本次循环的执行，直接进入下一次循环。

程序与用户的交互示例如下。

```
1020345670809010↙
10个非零整数的和为 55.
```

事实上，如果不用 continue 语句，可以将程序清单 5-16 中第 7 ～ 11 行代码修改为

```
if(num != 0) {
    sum += num;
    count++;
}
```

注意：break 语句可以用在 switch 语句和循环语句（while、do-while 和 for 语句），而 continue 语句只能用于循环语句。

5.5　循环嵌套

循环嵌套是指在一个循环的循环体中又包含另一个循环。理论上来讲，循环嵌套的层数没有限制，但实际应用时建议不要超过三层。下面是两个利用循环语句嵌套来解决问题的例子。

【例 5-13】　按照如下所示样式，打印九九乘法表。

1 * 1＝1
2 * 1＝2 2 * 2＝4
3 * 1＝3 3 * 2＝6 3 * 3＝9
4 * 1＝4 4 * 2＝8 4 * 3＝12 4 * 4＝16
5 * 1＝5 5 * 2＝10 5 * 3＝15 5 * 4＝20 5 * 5＝25
6 * 1＝6 6 * 2＝12 6 * 3＝18 6 * 4＝24 6 * 5＝30 6 * 6＝36
7 * 1＝7 7 * 2＝14 7 * 3＝21 7 * 4＝28 7 * 5＝35 7 * 6＝42 7 * 7＝49
8 * 1＝8 8 * 2＝16 8 * 3＝24 8 * 4＝32 8 * 5＝40 8 * 6＝48 8 * 7＝56 8 * 8＝64
9 * 1＝9 9 * 2＝18 9 * 3＝27 9 * 4＝36 9 * 5＝45 9 * 6＝54 9 * 7＝63 9 * 8＝72 9 * 9＝81

分析：程序需要输出九行信息，可以用一个 for 语句来实现。例如：

```
for(i = 1; i <= 9; i++){
    输出第 i 行信息
}
```

接下来考虑如何输出第 i 行信息。

第 1 行：1 * 1 = 1
第 2 行：2 * 1 = 1 2 * 2 = 4
第 3 行：3 * 1 = 1 3 * 2 = 6 3 * 3 = 9
⋮
第 i 行：i * 1 = i i * 2 = 2i i * 3 = 3i ⋯ i * i = 3i

因此，输出第 i 行信息可以用以下 for 语句伪代码。

```
for(j = 1; j <= i; j++){
    输出 i * j 的乘法公式;
}
printf("\n");
```

基于上述分析，可得如程序清单 5-17 所示的代码。

程序清单 5-17

```
1    #include <stdio.h>
2    int main(){
3        int i, j;
4
5        for(i = 1; i <= 9; i++){
6            for(j = 1; j <= i; j++){
7                printf("%d*%d=%-4d", i, j , i*j);
8            }
9            printf("\n");
10       }
11
12       return 0;
13   }
```

代码第 6～9 行是第 5 行 for 循环的循环体，实现输出第 i 行乘法表的功能。需要注意的是，为了保证乘法表的每一列都对齐，在代码第 7 行统一规定乘积值的域宽为 4，且左对齐。程序的运行结果如下。

```
1*1=1
2*1=2  2*2=4
3*1=3  3*2=6  3*3=9
4*1=4  4*2=8  4*3=12 4*4=16
5*1=5  5*2=10 5*3=15 5*4=20 5*5=25
6*1=6  6*2=12 6*3=18 6*4=24 6*5=30 6*6=36
7*1=7  7*2=14 7*3=21 7*4=28 7*5=35 7*6=42 7*7=49
8*1=8  8*2=16 8*3=24 8*4=32 8*5=40 8*6=48 8*7=56 8*8=64
9*1=9  9*2=18 9*3=27 9*4=36 9*5=45 9*6=54 9*7=63 9*8=72 9*9=81
```

【例 5-14】 编写程序输出 $100\sim200$ 的素数(每行输出 5 个素数)。

分析:先不考虑判断一个数是否是素数的具体实现细节,问题可以用伪代码描述如下。

```
for(n = 100; n <= 200; n++) {
    if (n 是素数) {
        输出 n
    }
}
```

接下来考虑如何判断整数 n 是素数,程序清单 5-7 和程序清单 5-14 分别给出了两种实现方法,这里采用程序清单 5-7 中使用的方法,即通过定义一个 isPrime 变量,来记录整数 n 是否是素数。具体实现如程序清单 5-18 所示。

程序清单 5-18

```
1    #include <stdio.h>
2    int main(){
3        int n, isPrime, i, count = 0;
4
5        for(n = 101; n < 200; n += 2) {
6            for(isPrime = 1, i = 2; i < n && isPrime; i++) {
7                if(n % i == 0) {
8                    isPrime = 0;
9                }
10           }
11
12           if(isPrime) { /*等价于 if(isPrime != 0) { */
13               count++; /*记录输出的素数的个数 */
14               printf("%-5d", n);
15               if(count % 5 == 0) { /*输出 5 个则换行 */
16                   printf("\n");
17               }
18           }
19       }
20
21       return 0;
22   }
```

程序清单 5-18 中,代码第 $6\sim10$ 行判断整数 n 是否为素数。代码第 $12\sim18$ 行则根据 n 是否为素数选择是否输出 n 的值:如果 isPrime 为 1(代码第 12 行的判断条件为 isPrime 不为 0),则输出 n 的值;否则不作处理。另外,为了满足每输出 5 个素数就换行的要求,定义变量 count 专门用来记录输出的素数的个数,每输出一个素数前 count 加 1,若 count 的值是 5 的倍数,则输出换行符。

【例 5-15】 将 1 元钱兑换成 1 分、2 分、5 分的硬币,要求每种面值的硬币都不得少于一枚,问有几种不同的兑换方法?

分析:此类问题通常采用枚举法来解决。枚举法又称为穷举法,即列出所有可能的解,然后逐一验证,从而找出正确的解。这里,假设兑换方案中 5 分硬币数为 i 枚,2 分硬币数为

j 枚,那么可以得到 1 分硬币数为 $100-5*i-2*j$ 枚。根据题目要求,每种面值的硬币都不得少于一枚,程序可以利用两层 for 循环列举出 5 分硬币的个数 i 和 2 分硬币的个数 j 所有可能的组合,然后计算出 1 分硬币数。若 1 分硬币数大于 0,则是一种可行的兑换方法。具体实现如程序清单 5-19 所示。

程序清单 5-19

```
1    #include <stdio.h>
2    int main() {
3        int one, two, five, count = 0;
4
5        for(five = 1; five < 20; five++) {
6            for(two = 1; two < 50; two++) {
7                one = 100 - five * 5 - two * 2;
8                if(one > 0) {
9                    count++;
10               }
11           }
12       }
13       printf("共有%d 种方案.\n", count);
14
15       return 0;
16   }
```

程序的运行结果如下。

共有 461 种方案.

5.6 本 章 小 结

本章重点讨论了实现循环结构的三种语句——while 语句、for 语句和 do-while 语句的使用方法,break 和 continue 两种循环控制语句以及嵌套循环的设计与实现。具体知识点分为如下几个方面。

while 语句既可以实现循环次数固定的计数循环,又可以实现循环次数不定的不确定循环。while 循环是一个当型循环,它首先计算控制表达式的值,如果值非 0 则执行循环体,否则退出循环。循环体可以是一条以分号结尾的简单语句,也可以是用大括号括起的复合语句。为了提高程序的可读性,避免由于循环体中多条语句不用大括号括起导致的逻辑错误,建议无论循环体中只有一条简单语句还是有多条简单语句,都用大括号括起,即将循环体均作为复合语句处理。

for 语句一般应用于循环次数固定的计数循环,它的三个表达式具有不同的职能。表达式 1 通常用于初始化循环变量,它在程序开始前执行,且只执行一次;表达式 2 是控制表达式,每次执行循环体前都会计算该表达式,值非 0 则执行循环,否则退出循环;表达式 3 通常用于修改循环变量,以使循环趋于结束。for 语句非常灵活和强大,其三个表达式可以省略。当省略表达式 1 和表达式 3 时,for 语句可以取代 while 语句。

break 和 continue 语句是循环中常用的流程控制语句。break 语句可以在 switch 语句和循环语句(while、do-while 和 for 语句)中使用。在循环语句中,break 语句使程序跳出循环,继续执行循环语句后的其他语句。continue 语句只能在循环语句中使用,它使程序跳转到循环体语句最后,即结束本次循环,继续执行下一次循环。

循环嵌套是指在一个循环的循环体中包含另一个循环。尽管 C 语言没有对循环嵌套的层数进行限制,但在实践中循环嵌套通常不会超过三层。

练　习　题

一、选择题

1. 下列语句中错误的是(　　)。

    A. for(; n<100; n++){printf("＃");}

    B. for(n=0; n<100;){printf("%d\n",n++);}

    C. for(n=0;; n++){printf("%d",n);}

    D. for(n=65; n>=50;){printf("%d\n",n--);}

2. 以下 while 循环中,循环体执行的次数是(　　)。

```
k = 1;
while(--k){
    k=10;
}
```

    A. 10 次　　　　　　　B. 无限次　　　　　　C. 一次也不执行　　　D. 1 次

3. 下面程序段,正确的是(　　)。

```
for(t = 1; t <= 100; t++){
    scanf("%d",&x);
    if(x<0){
        continue;
    }
    printf("%3d",t);
}
```

    A. 当 x < 0 时整个循环结束　　　　　　B. x > 0 时什么也不输出

    C. printf() 函数永远也不执行　　　　　D. 最多允许输出 100 个非负整数

4. 以下程序的输出结果是(　　)。

```
#include <stdio.h>
int main(){
    int x=3,y;
    do {
        y = --x;
        if(!y){
```

```
                printf("x");
        }else{
                printf("y");
        }
    }while(x);
    return 0;
}
```

　　A. xyx　　　　　　　B. yyx　　　　　　C. yxx　　　　　　D. yxy

5. 以下程序的输出结果是(　　)。

```
#include <stdio.h>
int main() {
    int i = 0;
    for(i += 3; i <= 5;i = i + 2) {
        switch(i % 5) {
            case 0:
                printf("*");
            case 1:
                printf("#");
                break;
            default:
                printf("!");
                break;
            case 2:
                printf("&");
        }
    }
    return 0;
}
```

　　A. * #　　　　　　　B. !&　　　　　　C. ! * #　　　　　　D. * # *

6. 以下不构成无限循环的语句或者语句组是(　　)。

　　A. n = 0;　　　　　　　　　　　　B. n=0;
　　　　do{++n;} while(n<=0);　　　　　while(1) {n++;}
　　C. n=10;　　　　　　　　　　　　D. for(n=0,i=1;;i++){
　　　　while(n){n－－;}　　　　　　　　　　n+=1;
　　　　　　　　　　　　　　　　　　　　}

7. 在以下表达式中,与 while(E)中的"(E)"不等价的表达式是(　　)。

　　A. (!E==0)　　　B. (E>0||E<0)　　　C. (E==0)　　　D. (E!=0)

8. 以下程序的输出结果是(　　)。

```
#include <stdio.h>
int main() {
    int i, j;
    for(i = 3; i >= 1; i--) {
```

```
        for(j = 1; j <= 2; j++){
                printf("%d", i + j);
        }
        printf("\n");
    }
    return 0;
}
```

A. 234	B. 432	C. 23	D. 45
345	543	34	34
		45	23

9. 下列选项中,(　　)的描述是正确的。(多选题)

A. 循环语句必须要有终止条件,否则不能编译

B. break 用于跳出当前循环

C. continue 用于终止本次循环,执行下一次循环

D. switch 语句中可以使用 break

二、编程题

1. 求正整数 x 以内(包括 x)的所有偶数之和,x 的值由键盘输入。

2. 从键盘输入一组非零整数,以输入 0 为结束标志,求这组整数的平均值,保留 2 位小数,并统计其中正数和负数的个数。

3. 编写程序,求 S=1+(1+2)+(1+2+3)+…+(1+2+3+4)。

4. 输入正整数 n,求 1~n 的所有素数,要求每行输出 7 个素数,并计算这些素数之和。

5. 编写程序,求 1~1000 能够被 13 整除的最大的数。

6. 输出 100~999 中能被 5 整除且百位数字是 5 的所有整数。

7. 某人摘下一些桃子,卖掉一半,又吃了一个;第二天卖掉剩下的一半,又吃了一个;第三天、第四天、第五天都如此,第六天一看,发现就剩下一个桃子了。编写程序,求此人共摘了多少个桃子。

8. Chuckie Lucky 赢得了 100 万美元(税后),他把奖金存入年利率为 8% 的账户。在每年的最后一天,Chuckie 取出 10 万美元。编写程序,计算多少年后 Chuckie 会取完账户里的钱。

9. Rabnud 博士加入了一个社交圈。起初他有 5 个朋友。他注意到他的朋友数量以下面的方式增长。第一周少了 1 个朋友,剩下的朋友数量翻倍;第二周少了 2 个朋友,剩下的朋友数量翻倍。一般而言,第 N 周少了 N 个朋友,剩下的朋友数量翻倍。编写一个程序,计算并显示 Rabnud 博士每周的朋友数量。该程序一直运行,直到超过邓巴数(Dunbar's number)。(注:邓巴数是粗略估算一个人在社交圈中有稳定关系的成员的最大值,该值大约是 150。)

第6章 数组

到目前为止,我们见到的数据都是基本数据类型的数据,程序只能对这些数据分别进行存储和处理。当需要处理大量的数据时,上述方法势必会非常低效。考虑例 5-4:输入一行字符,统计字母、数字、空格和其他字符的出现次数。在实现代码程序清单 5-4 中,程序定义了 letter、digit、space 和 other 四个变量,分别存放上述四类字符出现的次数。若将题目要求修改为"统计 26 个小写字母和其他字符出现的次数",又该如何编程?不难想象,若声明27 个整型变量分别记录各个字母和其他字符出现的次数,程序肯定会变得非常烦琐,而且很容易出错。C 语言提供了数组来解决类似问题。

数组(Array)是一组具有相同数据类型且按顺序连续存储的数据项的集合。一个数组通常用一个统一的名字来标识这组数据,这个名字称为数组名。构成数组的各个数据项称为数组的元素(Element)。根据确定数组中的元素所需的下标数的不同,数组可以分为一维数组、多维数组等。

本章重点介绍一维数组和二维数组的定义和使用。其中,6.1 节讨论一维数组的定义、初始化和使用方法;6.2 节重点介绍二维数组的定义和使用以及一维数组和二维数组的联系;6.3 节是对本章的知识点进行总结。

6.1 一 维 数 组

6.1.1 一维数组的定义

与基本类型的变量一样,数组也遵循"先定义,后使用"的原则。C 语言中一维数组定义的一般形式如下。

类型名 数组名[常量表达式];

其中,类型名可以为基本数据类型名、指针类型名、结构体类型名等;数组名是一个标识符,必须按照标识符的规则命名;中括号内的常量表达式定义了数组的长度。ANSI C 规定,数组声明时数组的长度只能使用常量表达式定义;C99 标准取消了这一限制,允许用变量定义数组的长度。

例如:

int arr[10];

定义了一个数组名为 arr、长度为 10 的数组。需要说明的是,数组的元素在内存中是连续存放的,因此系统将会为数组 arr 分配一块大小为 40 个字节(每个 int 类型的数组元素占 4 个字节,共 10 个元素)的连续存储空间,其在内存中的存储结果如图 6-1 所示。图中每个方框对应一个字节,左侧的编号为内存的地址,这里假定系统为 arr 分配的内存的首地址为 1000。读者可以使用 sizeof 运算符验证数组所占的字节数,例如:

```
printf("%d\n", sizeof(arr));
```

图 6-1 右侧所示为数组中每个元素的引用方式。数组中的元素通过数组下标(又称为索引)表示。一个长度为 N 的数组中第一个元素的下标为 0,以此类推,最后一个元素的下标为 N−1。例如,arr 数组的第一个元素为 arr[0],第二个元素为 arr[1],以此类推,最后一个元素为 arr[9]。数组中的每个元素本质就是一个变量,只是引用方式与普通的变量不同。

数组元素引用的中括号[]称为下标运算符。与数组声明不同,中括号内可以为任意的整数类型表达式,如 arr[i]、count[ch−'A']等。

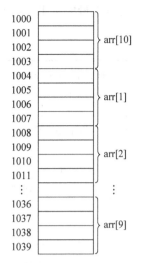

图 6-1 数组 arr 在内存中的物理结构图

C 语言不允许直接通过数组名对数组进行整体操作,如 arrCopy＝arr 是错误的,程序只能通过逐个操作数组元素来对数组进行操作。数组通常和 for 循环一起使用来实现对数组的操作,如程序清单 6-1 所示。

程序清单 6-1

```
1    #include <stdio.h>
2    int main(){
3        int arr[10], i;
4
5        for(i = 0; i < 10; i++){
6            scanf("%d", &arr[i]);
7        }
8
9        for(i = 9; i >= 0; i--){
10           printf("arr[%d] = %d\n", i, arr[i]);
11       }
12
13       return 0;
14   }
```

程序清单 6-1 定义了一个长度为 10 的数组(代码第 3 行),然后将输入的 10 个数存入数组(代码第 5～7 行);最后将数组元素倒序输出(代码第 9～11 行)。

通常情况下,为了提高程序的可维护性,数组的长度通常会被定义为符号常量。需要说明的是,在 ANSI C 标准下,使用 const 修饰符定义的只读变量不是常量表达式,因此用其定义数组的长度时会报错。例如:

```
const int N 10;
int arr[N];   /*错误 */
```

符号常量的使用示例见程序清单 6-2。

程序清单 6-2

```
1   #include <stdio.h>
2   #define N 10                  /*定义符号常量 */
3   int main(){
4       int arr[N], i;
5
6       for(i = 0; i < N; i++){
7           scanf("%d", &arr[i]);
8       }
9
10      for(i = N-1; i >= 0; i--){
11          printf("arr[%d] = %d\n", i, arr[i]);
12      }
13
14      return 0;
15  }
```

对比程序清单 6-1 和程序清单 6-2，如果用户需要将数组的长度由 10 扩充到 20，程序清单 6-1 至少需要修改三处（第 3 行、第 5 行、第 9 行），而程序清单 6-2 只需要修改一处（第 2 行）。不难看出，后者的可维护性远高于前者，建议读者以后采用这种方式操作数组。

6.1.2 一维数组初始化

数组定义后，其元素的值是不确定的，有的编译器会将其置为 0，有的编译器则不作处理。同基本类型变量的定义类似，数组在定义的同时也可以指定初始值。一维数组的初始化方式可以概括为如下几种。

（1）给数组中所有的元素指定初始值，初始值用大括号括起。例如：

int a[10] = {0, 1, 2, 3, 4, 5, 6, 7, 8, 9};

（2）当给数组中所有的元素指定初始值的时候，数组的长度可以省略。例如：

int a[] = {0, 1, 2, 3, 4, 5, 6, 7, 8, 9};

（3）可以根据需要只给一部分元素指定初值，通常称为部分初始化。例如：

int a[10] = {0, 1, 2, 3, 4};

此时程序会将 5 个初值依此赋给数组的前几个元素，剩余的元素会自动被赋值为 0。

（4）基于数组部分初始化的特性，若想将数组中 a 的所有元素赋初值为 0，可采用如下形式。

int a[10] = {0};

6.1.3　应用实例

【**例 6-1**】　编写程序查找输入的数是否在列表{12，13，7，28，9，16，19，20，30}中，如果在,则输出其所在的位置(从 0 开始)。如程序清单 6-3 所示。

程序清单 6-3

```
1    #include <stdio.h>
2    #define N 9
3    int main(){
4        int list[] = {12, 13, 7, 28, 9, 16, 19, 20, 30};
5        int i, num;
6
7        printf("请输入要查找的整数: ");
8        scanf("%d", &num);
9        for(i = 0; i < N; i++){
10            if(list[i] == num){
11                break;
12            }
13        }
14
15        if(i < N){
16            printf("%d 在数组中的下标为%d. \n", num, i);
17        }else{
18            printf("数组中没有该元素!\n");
19        }
20
21        return 0;
22   }
```

程序清单 6-3 中,代码第 4 行定义并初始化数组 list;第 9~13 行利用 for 循环遍历数组并和 num 比较,如果当前数组元素和 num 值相等,执行 break 语句,退出循环。代码第 15~19 行根据 i 的值确定是否找到 num,如果 i<N,说明程序执行 break 退出,即找到了 num,而且 i 的值就是 num 在数组中的下标;否则,说明程序正常退出循环,即没有做到 num。

程序与用户的交互示例如下。

第一次运行:

```
请输入要查找的整数: 28↙
28 在数组中的下标为 3.
```

第二次运行:

```
请输入要查找的整数: 3↙
数组中没有该元素!
```

　　程序清单 6-1 中采用的查找算法称为顺序查找算法,又称为线性查找算法。假设被查找的数组长度为 n,则最坏情况下(找不到的情况),上述程序需要进行 n 次比较。如果数组中的元素按递增或递减的顺序存放,则可以采用另外一个更高效的算法——二分查找法。

　　二分查找法只对有序数组有效。假设存在一个按递增顺序排列的数组 a,数组长度为N。若要查找 num 是否在数组中,二分查找法会首先比较数组中间元素(a[N/2])和目标值(num)是否相等。若相等,则中止搜索,N/2 即 num 在数组中的位置;否则,若数组中间元素比目标值小,则下一步在数组的前半段查找。若中间元素比目标值大,则继续在数组的后半段查找。因此,算法每一次都会将搜索空间缩减一半。其具体步骤如下。

　　(1) 定义两个变量 left 和 right,并令 left=0,right=N−1。

　　(2) 若 left>right,说明没有找到目标元素,退出循环,搜索结束;否则继续往下执行。

　　(3) 令 mid=(left+right)/2。

　　(4) 若 a[mid]==num,则跳出循环,搜索结束,mid 即为 num 在数组中的下标。

　　(5) 若 a[mid]>num,则令 right=mid−1,即下一次循环从搜索空间的前半段继续搜索,并调到步骤(2)继续执行。

　　(6) 若 a[mid]<num,则令 left=mid+1,即下一次循环从搜索空间的后半段继续搜索,并跳到步骤(2)继续执行。

　　【例 6-2】 编写程序查找输入的数是否在列表{7,9,12,13,16,19,20,28,30}中,如果在,则输出其所在的位置(从 0 开始)。见程序清单 6-4。

程序清单 6-4

```
1    #include <stdio.h>
2    #define N 9
3    int main(){
4        int a[] = {7, 9, 12, 13, 16, 19, 20, 28, 30};
5        int num, mid, left = 0, right = N-1;
6
7        printf("请输入要查找的整数: ");
8        scanf("%d", &num);
9
10       while(left <= right){
11           mid = (left + right)/2;
12           if(a[mid] == num){
13               break;
14           }else if(num > a[mid]){          /*数据在后半段 */
15               left = mid + 1;
16           }else{                           /*数据在前半段 */
17               right = mid - 1;
18           }
19       }
20
21       if(left <= right){                   /*执行 break 语句退出 */
22           printf("%d 在数组中的下标为%d. \n", num, mid);
23       }else{                               /*正常循环退出 */
```

```
24              printf("数组中没有该元素!\n");
25          }
26
27      return 0;
28  }
```

程序与用户的交互示例如下。

第一次运行：

请输入要查找的整数：13↙
13 在数组中的下标为 3.

第二次运行：

请输入要查找的整数：3↙
数组中没有该元素！

【例 6-3】 输入 10 个整数，然后按由大到小的顺序输出。

本例需要对输入的整数进行排序，但在排序之前需要将输入的数先存下来，因此需要定义一个整型数组。在计算机领域，排序和查找是两种基本的操作任务。排序的算法有多种，如选择排序算法、快速排序算法等，本例则采用了冒泡法排序。

如果有 n 个数，要求从大到小进行排序，采用冒泡法的基本做法是：从第一个数开始，先比较第一个数和第二个数，如果第一个数比第二个数小，就把两者交换，否则保持不变。然后比较第二个数和第三个数，第三个数和第四个数……直至第 n−1 个数和第 n 个数。这样，经过 n−1 次比较和若干次交换之后，最小的数被逐步移到了第 n 个位置。我们把上述步骤称为第一趟排序。

同样道理，再进行第二趟排序：依然从第一个数开始，先比较第一个数和第二个数，然后是第二个数和第三个数，但是这次只需要进行到第 n−2 个数和第 n−1 个数的比较就可以了，因为第 n 个数已经是最小的，不需要再参与比较。所以第二趟排序进行 n−2 次比较，最终的结果是第二小的数被逐步移到了它应该在的位置，即第 n−1 个位置。

以此类推，可以进行：

第三趟排序，这次进行 n−3 次比较，第三小的数被放到了第 n−2 个位置；

……

第 i 趟排序，这次进行 n−i 次比较，第 i 小的数被放到了第 n−(i−1) 个位置；

……

第 n−1 趟，这次进行 n−(n−1) 次也就是 1 次比较，第 n−1 小的数（也就是第二大的数）被放到了第 n−[(n−1)−1] 也就是第二个位置。同时，最大的数被放到了第一个位置。

这样，经过 n−1 趟排序之后，n 个数的排序就完成了。

从上面的介绍可以看到，之所以得名冒泡法，就是在于每经过一趟排序，当前最小的数像气泡一样"冒出到"数组的最上方。

以 {1,3,2,4,5} 为例，若利用冒泡法排序将这五个数字按降序输出，其流程图如图 6-2 所示。

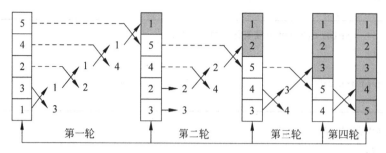

图 6-2 冒泡法排序

先分析第一趟排序,假定 j 为数组的下标变量,初始情况下 j=0。

当 j=0,j+1=1 时,a[0]>a[1],此时交换 a[0]和 a[1]的值。交换之后,a[0]=3,a[1]=1。

当 j=1,j+1=2 时,a[1]>a[2],此时交换 a[1]和 a[2]的值。交换之后,a[1]=2,a[2]=1。

当 j=2,j+1=3 时,a[2]>a[3],此时交换 a[2]和 a[3]的值。交换之后,a[2]=4,a[3]=1。

当 j=3,j+1=4 时,a[3]>a[4],此时交换 a[3]和 a[4]的值。交换之后,a[3]=5,a[4]=1。

于是,第一趟排序完之后,数列{5,4,2,3,1}变成了{3,2,4,5,1}。此时,数列末尾的值最小,就如气泡一样,小的冒到了上方。

以此类推:

第二趟排序完之后,数列中 a[3…4]是有序的。

第三趟排序完之后,数列中 a[2…4]是有序的。

第四趟排序后,a[0]和 a[1]交换后,a[0]到 a[4]这五个数都是有序的,排序完成。

综上所述,例 6-3 采用冒泡法排序算法实现的代码如程序清单 6-5 所示。

程序清单 6-5

```
1    #include <stdio.h>
2    #define N 10
3    int main(){
4        int a[N], i, j, temp;
5        /*1. 输入数据 */
6        printf("请输入%d 个整数(以空格隔开):", N);
7        for(i = 0; i < N; i++){
8            scanf("%d", &a[i]);
9        }
10       /*2. 排序*/
11       for(i = 1; i < N; i++){
12           for(j = 0; j < N - i; j++){
13               if(a[j] < a[j+1]){
14                   temp = a[j];
15                   a[j] = a[j+1];
16                   a[j+1] = temp;
17               }
18           }
19       }
20       /*3. 输出排序后的数据*/
21       for(i = 0; i < N-1; i++){
```

```
22              printf("%d ", a[i]);
23          }
24      printf("%d\n", a[N-1]);
25
26      return 0;
27  }
```

在程序清单 6-5 中,代码第 11 行的 for 循环是关于趟数的循环,循环变量 i 初值为 1,表示第一次循环为第一趟。代码第 12～18 行的 for 循环实现的是第 i 趟排序,即从 a[0] 开始,逐个比较相邻的两个元素,小的元素交换到后面。代码第 21～24 行是输出数组元素,在输出时,程序对前 N−1 个数组元素和第 N 个元素分别进行了处理,即前 N−1 个数组元素以空格结尾,而第 N 个元素则以换行符结尾。

【例 6-4】 输入一个日期,格式为"2010/10/9",计算该日期为当前年份的第几天。

分析:用 switch 语句解决该问题,其代码如程序清单 6-6 所示。

程序清单 6-6

```
1   #include <stdio.h>
2   int main(){
3       int year, month, day;
4       int num_of_day = 0, i;
5       /*输入年、月、日 */
6       printf("请输入一个日期(格式:yyyy/mm/dd):");
7       scanf("%d/%d/%d", &year, &month, &day);
8       /*首先加 month 之前几个月的天数 */
9       for(i = 1; i < month; i++){
10          switch(i){
11          case 1:
12          case 3:
13          case 5:
14          case 7:
15          case 8:
16          case 10:
17          case 12:
18              num_of_day += 31;
19              break;
20          case 2:
21              /*如果是闰年,加 29 天,否则加 28 天 */
22              if((year % 4 == 0 && year % 100 != 0) ||
23                  (year % 400 == 0)){
24                  num_of_day += 29;
25              }else{
26                  num_of_day += 28;
27              }
28              break;
29          default:
30              num_of_day += 30;
31          }
32      }
```

```
33        /*再加上当前月的天数 */
34        num_of_day += day;
35        printf("%d/%d/%d是%d年的第%d天.\n", year, month, day,
36              year, num_of_day);
37
38        return 0;
39    }
```

程序与用户的交互示例如下。

请输入一个日期(格式：yyyy/mm/dd)：2019/3/2↙
2019/3/2 是 2019 年的第 61 天.

可以将每月的天数放在数组里,通过下标直接引用数组中的元素来代替 switch 逻辑判断,这种方法通常称为表驱动法(Table-Driven Approach)。程序清单 6-6 的优化代码如程序清单 6-7 所示。

程序清单 6-7

```
1    #include <stdio.h>
2    int main(){
3        int year, month, day;
4        int days_of_month[] = {0, 31, 28, 31, 30, 31, 30, 31, 31, 30, 31, 30};
5        int num_of_day = 0, i;
6        /*输入年、月、日 */
7        printf("请输入一个日期(格式：yyyy/mm/dd)：");
8        scanf("%d/%d/%d", &year, &month, &day);
9        /*首先加 month 之前几个月的天数 */
10       for(i = 1; i < month; i++){
11           num_of_day += days_of_month[i];
12       }
13       /*如果当前月份大于2,并且是闰年,应该再加 1 天 */
14       if(month > 2){
15          if((year % 4 == 0 && year % 100 != 0) ||
16                (year % 400 == 0)){
17              num_of_day += 1;
18          }
19       }
20       /*再加上当前月的天数 */
21       num_of_day += day;
22       printf("%d/%d/%d是%d年的第%d天.\n", year, month, day,
23             year, num_of_day);
24
25       return 0;
26    }
```

不难看出,相对于程序清单 6-6,程序清单 6-7 更加简洁。需要注意的是,代码第 4 行定义的数组的第一个元素的初值为 0,事实上,第一个元素程序根本没有使用。因为代码第 10 行的 for 语句的循环变量 i 从 1 开始。代码第 14～19 行处理了当前年份为闰年的情况,如果当前月份大于 2,则应该再加上一天(闰年的二月份是 29 天)。6.2 节实例中将采用二维数组对这段代码进行优化。

6.2 二维数组

可以把一维数组想象成一行数据,把二维数组想象成一张数据表,把三维数组想象成一叠数据表,以此类推。维度大于 2 的数组在 C 语言中并不常用,因此本节仅讨论二维数组的定义和使用。

6.2.1 二维数组的定义与使用

二维数组在数学中称为矩阵(Matrix),执行下面的声明语句将创建一个二维数组。

`int m[3][4];`

通常称 m 为 3 行 4 列的数组,其逻辑结构如图 6-3 所示。

m[0][0]	m[0][1]	m[0][2]	m[0][3]
m[1][0]	m[1][1]	m[1][2]	m[1][3]
m[2][0]	m[2][1]	m[2][2]	m[2][3]

图 6-3 二维数组逻辑结构

由逻辑结构图不难看出,要想访问二维数组中的某个元素,需同时指定行信息和列信息,即需要两个下标,如第 i 行第 j 列(行号和列号均从 0 开始)元素为 m[i][j]。

需要说明的是,由于计算机内存是一个线性的结构,因此,在实际存储时,二维数组需转换成线性(一维)的形式再进行存储。C 语言中将二维数组按照行进行存储,即先存放第一行数据,再存放第二行数据,以此类推,如图 6-4 所示。

与一维数组一样,二维数组和 for 循环也通常一起使用。二维数组通常采用两层嵌套 for 循环处理,如例 6-5 所示。

【例 6-5】 编写程序读入 9 个整数到一个 3 行 3 列的二维数组,并以矩阵的形式输出该二维数组。见程序清单 6-8。

图 6-4 二维数组在内存中的存储形式

程序清单 6-8

```
1    #include <stdio.h>
2    #define R 3
3    #define C 3
4    int main(){
5        int m[R][C];
```

```
6        int i, j;
7        /*逐个读入数据存到二维数组 m */
8        printf("请输入 9个整数: ");
9        for(i = 0; i < R; i++){
10           for(j = 0; j < C; j++){
11               scanf("%d", &m[i][j]);
12           }
13        }
14        /*输出二维数组 */
15        for(i = 0; i < R; i++){
16           /*输出第行数据*/
17           for(j = 0; j < C; j++){
18               printf("%3d", m[i][j]);
19           }
20           /*输出完第 i 行数据后换行 */
21           printf("\n");
22        }
23
24     return 0;
25   }
```

程序与用户的交互示例如下。

```
请输入 9个整数: 1 2 3 4 5 6 7 8 9↙
  1  2  3
  4  5  6
  7  8  9
```

6.2.2　二维数组与一维数组

可以把二维数组看作一个一维数组,只是这个一维数组的元素是一个一维数组。例如:

int m[3][4];

可以把二维数组 m 看作一个长度为 3 的一维数组,三个元素分别为 m[0]、m[1]、m[2]。而 m[0]是一个长度为 4 的一维数组,m[0]是这个数组的名字,该一维数组的四个元素分别为 m[0][0]、m[0][1]、m[0][2]、m[0][3]。同理,m[1] 和 m[2]都是一个长度为 4 的一维数组。

此时,当输出二维数组 m 的所有元素时,可以用如下伪代码块表示。

```
for(i = 0; i < 3; i++){
    输出 m[i]并换行;
}
```

由于 m[i]并不是普通的元素,因此不能直接用 printf()输出,而应该用一个 for 循环输出。输出 m[i]中的所有元素并换行的代码如下。

```
for(j = 0; j < 4; j++){
    printf("%3d", m[i][j]);
}
printf("\n");
```

上述两段代码块合并得如下代码。

```
for(i = 0; i < 3; i++){
    for(j = 0; j < 4; j++){
            printf("%3d", m[i][j]);
    }
    printf("\n");
}
```

其他二维数组的操作也可以采用类似的方式解释。

6.2.3 二维数组初始化

二维数组的初始化方式可以分为如下几种。
(1) 按行给二维数组的每个元素指定初值,各行用大括号括起来。例如:

`int m[3][4] = {{1, 2, 3, 4}, {5, 6, 7, 8}, {9, 10, 11, 12}};`

(2) 当按行给二维数组的每个元素指定初值时,可以在声明时省略第一维的长度(行数)。需要注意的是,第二维的长度(列数)不能省略,必须指定。例如:

`int m[][4] = {{1, 2, 3, 4}, {5, 6, 7, 8}, {9, 10, 11, 12}};`

(3) 可以只初始化数组的前几行中的元素。例如:

`int m[3][4] = {{1, 2, 3, 4}};`

该语句只对数组第一行中的元素赋初值,其他元素自动赋值为 0,如图 6-5 所示。
(4) 可以采用一维数组初始化的方式为二维数组的每个元素指定初值。例如:

`int m[3][4] = {1, 2, 3, 4, 5, 6, 7, 8, 9, 10, 11, 12};`

该语句将按行对二维数组中的元素逐个赋值。
(5) 可以采用一维数组部分初始化的方式为二维数组的部分运算指定初值。例如:

`int m[3][4] = {1, 2, 3, 4, 5, 6}`

该语句将按行对二维数组中的元素逐个赋初值,剩余元素自动赋值为 0,如图 6-6 所示。

1	2	3	4
0	0	0	0
0	0	0	0

1	2	3	4
5	6	0	0
0	0	0	0

图 6-5 二维数组部分初始化(1)   图 6-6 二维数组部分初始化(2)

（6）在按行给二维数组进行初始化时,可以只指定某行前几个元素的初值。例如:

`int m[3][4] = {{1, 2}, {3, 4}};`

该语句只对数组的第一行和第二行的前两个元素赋初值,如图 6-7 所示。

1	2	0	0
3	4	0	0
0	0	0	0

图 6-7　二维数组部分初始化(3)

（7）在以一维数组的方式对二维数组进行初始化时,也可以在声明时省略第一维的长度,例如:

`int m[][4] = {1, 2, 3, 4, 5, 6, 7, 8, 9, 10, 11, 12};`

此时,二维数组的行数为初值的个数除以列数。有时初值的个数并不是列数的整数倍,此时二维数组的行数为初值的个数除以列数所得的商(上取整)。例如:

`int data[][4] = {1, 2, 3, 4, 5, 6};`

此时,初值的个数为 6,而二维数组的列数为 4,因此二维数组的行数应该为 2。

6.2.4　应用实例

【例 6-6】　输入一个 4 行 4 列的矩阵(二维数组),将该矩阵进行转置运算(行列互换),并输出结果。例如:

$$\begin{bmatrix} 1 & 2 & 3 & 4 \\ 5 & 6 & 7 & 8 \\ 9 & 10 & 11 & 12 \\ 13 & 14 & 15 & 16 \end{bmatrix} \xrightarrow{\text{转置后}} \begin{bmatrix} 1 & 5 & 9 & 13 \\ 2 & 6 & 10 & 14 \\ 3 & 7 & 11 & 15 \\ 4 & 8 & 12 & 16 \end{bmatrix}$$

分析:矩阵的转置运算其实就是将第 i 行第 j 列的元素和第 j 行和第 i 列的元素进行交换。需要注意的是,交换运算同时涉及两个元素,因此只能操作一半的元素进行交换运算。若用二维数组右上角的元素和右下角的元素交换,首先需要解决的问题是如何遍历右上角的元素。一个 4 行 4 列的二维数组 m 的右上角的元素包括:

```
m[0][0]    m[0][1]    m[0][2]    m[0][3]
           m[1][1]    m[1][2]    m[1][3]
                      m[2][2]    m[2][3]
                                 m[3][3]
```

遍历上述元素可以用两层 for 循环表示如下。

```
for(i = 0; i < 4; i++){
    for(j = i; j < 4; j++){
        交换 m[i][j]和 m[j][i]
```

```
    }
}
```

程序具体的实现代码如程序清单 6-9 所示。

程序清单 6-9

```
1    #include <stdio.h>
2    #define N 4
3    int main(){
4        int m[N][N];
5        int i, j, temp;
6        /*逐个读入数据存到二维数组 m */
7        printf("请输入 4 行 4 列的矩阵(整数):\n");
8        for(i = 0; i < N; i++){
9            for(j = 0; j < N; j++){
10                scanf("%d", &m[i][j]);
11            }
12        }
13        /*用右上角的元素 m[i][j]和左下角的元素 m[j][i]互换 */
14        for(i = 0; i < N; i++){
15            for(j = i; j < N; j++){
16                temp = m[i][j];
17                m[i][j] = m[j][i];
18                m[j][i] = temp;
19            }
20        }
21        /*输出二维数组 */
22        printf("转置后的矩阵为:\n");
23        for(i = 0; i < N; i++){
24            /*输出第 i 行数据*/
25            for(j = 0; j < N; j++){
26                printf("%3d", m[i][j]);
27            }
28            /*输出完第 i 行数据后换行 */
29            printf("\n");
30        }
31
32        return 0;
33    }
```

程序与用户的交互示例如下。

```
请输入 4 行 4 列的矩阵(整数):
1    2    3    4↙
5    6    7    8↙
9    10   11   12↙
13   14   15   16↙
转置后的矩阵为:
1    5    9    13
2    6    10   14
3    7    11   15
4    8    12   16
```

【例 6-7】 已知某城市近 5 年每个月的降水量如表 6-1 所示,计算每月的总降水量和平均降水量。

表 6-1 近 5 年降水量分布表

年份	月 份											
	1	2	3	4	5	6	7	8	9	10	11	12
2014	13.0	17.3	25.8	45.2	62.3	106.1	218.2	178.3	98.9	45.5	29.3	13.7
2015	15.2	20.0	23.2	40.9	56.2	85.2	200.2	198.2	89.2	33.6	32.1	11.8
2016	16.3	13.1	27.3	23.1	70.4	120.3	150.0	201.1	102.1	44.8	30.2	28.3
2017	11.8	21.9	22.2	35.2	34.2	45.5	180.1	156.1	88.2	56.3	23.7	12.5
2018	18.4	15.3	20.6	28.3	24.5	56.8	130.2	183.2	99.3	32.2	14.8	23.6

分析:编程前首先要解决的问题是如何表示这些数据。二维数组特别适合表示这种数据表的结构,可以将上述数据表用一个 5 行 12 列的二维数组来表示,那么每月的总降水量就是二维数组每列的和;每月的平均降水量即二维数组每列的平均值。具体实现如程序清单 6-10 所示。

程序清单 6-10

```
1    #include <stdio.h>
2    #define MONTHS 12
3    #define YEARS 5
4    int main(){
5        float rain[YEARS][MONTHS] = {
6            {13.0, 17.3, 25.8, 45.2, 62.3, 106.1, 218.2, 178.3, 98.9, 45.5, 29.3, 3.7},
7            {15.2, 20.0, 23.2, 40.9, 56.2, 85.2, 200.2, 198.2, 89.2, 33.6, 32.1, 11.8},
8            {16.3, 13.1, 27.3, 23.1, 70.4, 120.3, 150.0, 201.1, 102.1, 44.8, 30.2, 28.3},
9            {11.8, 21.9, 22.2, 35.2, 34.2, 45.5, 180.1, 156.1, 88.2, 56.3, 23.7, 12.5},
10           {18.4, 15.3, 20.6, 28.3, 24.5, 56.8, 130.2, 183.2,99.3, 32.2, 14.8, 23.6}
11       };
12       float total[MONTHS] = {0};      //近几年每月的总降水量
13       int year, month;
14
15       for(month = 0; month < MONTHS; month++){
16           /*统计近几年 month 月的降水量之和,即求第 month 列元素的和*/
17           for(year = 0; year < YEARS; year++){
18               total[month] += rain[year][month];
19           }
20       }
21       /*输出结果*/
22       printf("月份\t总降水量\t平均降水量\n");
23       for(month = 0; month < MONTHS; month++){
24           printf("%d 月\t%.1f\t\t%.1f\n", month+1, total[month], total[month]/YEARS);
25       }
26
27       return 0;
28   }
```

其中,代码第 12 行定义了一个长度为 12 的一维数组 total,用于存放各个月份近几年的降水量之和。由于平均降水量可以直接通过降水量之和除以年数获得,因此程序中没有定义存放平均降水量的变量。程序的运行结果如下。

月份	总降水量	平均降水量
1 月	74.7	14.9
2 月	87.6	17.5
3 月	119.1	23.8
4 月	172.7	34.5
5 月	247.6	49.5
6 月	413.9	82.8
7 月	878.7	175.7
8 月	916.9	183.4
9 月	477.7	95.5
10 月	212.4	42.5
11 月	130.1	26.0
12 月	79.9	16.0

【例 6-8】 继续考虑例 6-5,即输入日期,计算当前日期是所在年份的第几天。继续优化程序清单 6-7 中的代码以替换其中剩余的 if 语句。

分析:程序清单 6-7 采用一维数组代替了程序清单 6-6 中的 switch 语句,而在程序清单 6-7 中,还需要额外判断闰年的情况。采用二维数组可以替换闰年判断的 if 语句,如程序清单 6-11 所示。

程序清单 6-11

```
1    #include <stdio.h>
2    int main(){
3        int year, month, day;
4        int days_of_month[][12] = {
5            {0, 31, 28, 31, 30, 31, 30, 31, 31, 30, 31, 30},
6            {0, 31, 29, 31, 30, 31, 30, 31, 31, 30, 31, 30}
7        };
8        int num_of_day = 0, isLeapYear = 0, i;
9        /*输入年、月、日 */
10       printf("请输入一个日期(格式:yyyy/mm/dd):");
11       scanf("%d/%d/%d", &year, &month, &day);
12       /*计算判断 year 是否为闰年的表达式的值 */
13       isLeapYear = ((year % 4 == 0 && year % 100 != 0) ||
14                     (year % 400 == 0));
15       /*求 month 之前几个月的天数之和 */
16       for(i = 1; i < month; i++){
17           num_of_day += days_of_month[isLeapYear][i];
18       }
19       /*再加上当前月的天数 */
20       num_of_day += day;
21       printf("%d/%d/%d 是%d 年的第%d 天.\n", year, month, day,
22               year, num_of_day);
```

```
23
24        return 0;
25    }
```

程序清单 6-11 定义了一个 2 行 12 列的二维数组(代码第 4～7 行),第 1 行对应非闰年每月的天数;第 2 行则对应闰年每月的天数。代码第 13 行计算判断 year 是否为闰年的逻辑表达式的值,并赋值给 isLeapYear 变量。相应地,在求前几个月的天数之和时引用的是二维数组的元素,行坐标即是 isLeapYear 变量(代码第 17 行)。

6.3 本 章 小 结

本章重点讨论数组的概念以及一维数组和二维数组的定义和使用。数组类型是一种构造数据类型,一个数组是一组具有相同类型的变量的集合,它在内存中是连续存储的。可以通过 sizeof 运算符计算数组在内存空间中所占的字节数。

ANSI C 规定数组声明时必须使用常量表达式指定各维的长度。数组中的元素通过数组名和下标访问,数组元素的下标从 0 开始。数组不能整体操作,只能通过逐个操作数组的元素实现对数组的操作。程序中通常使用 for 循环操作数组元素,一维数组需要一层 for 循环,二维数组用两层 for 循环,三维数组用三层 for 循环,以此类推。

可以把一维数组看作一个数据行,把二维数组看作一个数据表,把三维数组看作一叠数据表。因此,二维数组本质上是一个一维数组,这个一维数组的每个元素又是一个一维数组。

练 习 题

一、选择题

1. 以下对一维数组 a 的定义中正确的是(　　　)。
   A. char a(10);　　　　　　　　　　　　B. int a[0…100];
   C. int a[5];　　　　　　　　　　　　　D. int k=10;int a[k];

2. 以下对一维数组的定义中不正确的是(　　　)。
   A. double x[5]={2.0,4.0,6.0,8.0,10.0};
   B. int y[5]={0,1,3,5,7,9};
   C. char ch1[ ]={'1', '2', '3', '4', '5'};
   D. char ch2[ ]={'\x10', '\xa', '\x8'};

3. 以下对二维数组的定义中正确的是(　　　)。
   A. int a[4][]={1,2,3,4,5,6};　　　　　B. int a[][3];
   C. int a[][3]={1,2,3,4,5,6};　　　　　D. int a[][]={{1,2,3},{4,5,6}};

4. 假定一个 int 型变量占用两个字节,若有定义:

```
int x[10]={0,2,4};
```

则数组 x 在内存中所占字节数是(   )。

    A. 3   B. 6   C. 10   D. 20

5. 以下程序的输出结果是(   )。

```
int main(){
    int a[4][4] = {{1,3,5},{2,4,6},{3,5,7}};
    printf("%d%d%d%d\n", a[0][3], a[1][2], a[2][1], a[3][0]);
    return 0;
}
```

    A. 0650   B. 1470   C. 5430   D. 输出值不定

6. 以下程序的输出结果是(   )。

```
int main(){
    int m[][3]={1,4,7,2,5,8,3,6,9};
    int i, j ,k = 2;
    for(i=0;i<3;i++){
        printf("%d ",m[k][i]);
    }
    return 0;
}
```

    A. 4 5 6   B. 2 5 8   C. 3 6 9   D. 7 8 9

7. 以下程序的输出结果是(   )。

```
int main(){
    int b[3][3] = {0,1,2,0,1,2,0,1,2}, i, j, t = 0;
    for(i = 0; i < 3; i++){
        for(j = i; j <= i; j++){
            t = t + b[i][b[j][j]];
        }
    }
    printf("%d\n",t);
    return 0;
}
```

    A. 3   B. 4   C. 1   D. 9

8. 若有定义:

```
int a[2][4];
```

则引用数组元素正确的是(   )。

    A. a[0][3]   B. a[0][4]   C. a[2][2]   D. a[2][2+1]

9. 若有定义:

```
int aa[8];
```

则不能代表数组元素 aa[1] 地址的是(   )。

    A. &aa[0]+1   B. &aa[1]   C. &aa[0]++   D. aa+1

二、编程题

1. 编写程序,输出数组{2,5,3,6,8,10}升序排序后的结果。

2. 编写程序,输入 10 个整数及 x(10>x>=0),将第 x 个位置的数字替换为 0,并输出数组。

3. 编写程序,输入一个 N*N 的矩阵,输出主对角线元素(左上角到右下角这一斜线上的 N 个元素)的和。

4. 编写程序,输入 N 个数,输出其中不重复的所有数字。

5. 编写程序,输入一个包含 N 个数的数组,然后输入一个整数 x,输出 x 在数组中出现的次数。

6. 编写程序,输入 N 个学生的成绩,然后输出成绩高于平均分的学生人数。

7. 编写程序,输入 N 个学生的成绩,每个学生包括语文、数学、英语三门成绩,分别输出所有学生中语文、数学、英语的最高分和平均分。

8. 给定两个有序整数数组 arr1 和 arr2,将 arr2 合并到 arr1 中,使 arr1 成为一个有序数组。

9. 编写程序,求二维数组周边元素之和。

10. 将一个二维数组 a[3][3]={1,2,3,4,5,6,7,8,9}作如下处理后输出:将主对角线上的元素变为其平方,左下三角的元素变成自身乘 2,右上三角元素变成自身加 3。输出变化后的 3 行 3 列矩阵,每个数据占 3 列。

第 7 章 指针与数组

指针是 C 语言的重要特性之一,在 C 语言中得到了广泛应用。这一方面是因为使用指针通常可以使程序更加简洁和高效;另一方面则是由于某些操作只能通过指针来实现。

在 C 语言中,指针与数组的关系非常密切,通过数组下标能完成的任何操作都可以通过指针完成。本章重点介绍指针的概念以及指针和数组的关系。其中,7.1 节引入地址和指针的基本概念;7.2 节介绍几种常用的指针运算;7.3 节和 7.4 节分别讨论如何用指针操作一维数组和二维数组;7.5 节介绍指针数组的概念;7.6 节是对本章的内容进行总结。

7.1 地址和指针

7.1.1 地址

地址即变量在内存中的地址。内存是按地址访问的线性空间,如图 7-1 所示。图中每格对应一个存储单元,一个存储单元可以存放一个字节(Byte)的数据。每个字节包含 8 个二进制位(bit),即一个长度为 8 的"01"串。每格内的"01"串是存储在内存中的数据或指令。每个方框左侧的数字是存储单元的编号,通常称为地址。如果把内存看作一栋宿舍楼,则每个宿舍都是一个存储单元,宿舍的房间号是每个存储单元的地址。

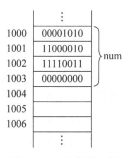

图 7-1 内存线性空间

程序运行时,系统会为程序中的每个变量分配一块连续的存储单元,如通常为一个 int 类型的变量分配一块包含 4 个存储单元(大小为 4 个字节)的连续的内存空间,变量所在的第一个存储单元的地址(编号)称为该变量的地址。如图 7-1 中 num 变量的地址是它所占的第一个字节的地址,即 1000。

需要注意的是,尽管内存地址是用数表示的,但是地址的取值范围可能不同于整数的范围。内存地址所占的位与编译环境、系统环境以及计算机硬件有关,如当前广泛使用的 32 位系统的地址通常占 32 个二进制位,即 4 个字节;64 位系统的地址通常需 8 个字节表示。因此,不能用普通的整型变量来存放地址。

7.1.2 指针

指针(Pointer)是一种专门用于保存变量地址的变量。"指针"这个名字是一种隐喻,如果指针变量 p 中保存了变量 a 的地址,通常称指针变量 p 指向了变量 a。C 语言中,指针变量定义的一般形式如下。

```
类型名 *指针变量名;
```

例如：

```
float *p;
```

类型名可以是基本类型、void 类型等，它定义了指针变量指向的变量的类型。变量名前面的 * 是指针变量的标识，表明该变量是一个指针变量，它保存的是数据在内存中的地址。

指针变量也可以和普通变量在一个声明语句中定义。例如：

```
int *p, sum;
```

该语句定义了一个指向 int 类型的指针变量 p 以及整型变量 sum。

同普通变量一样，指针变量在声明的同时也可以进行初始化。初始化时通常将指针变量指向某个已有的变量。例如：

```
int num;
int *p = &num;
```

其中，& 是取地址运算符，上述语句通过取地址运算首先获得 num 变量的地址，然后将 num 变量的地址复制给变量 p。

7.2 指针运算

由指针的定义不难看出，指针变量只能指向某种特定类型的变量。可能读者会有疑问，既然指针变量存放的是地址，地址还有什么类型区分？为什么在定义指针变量时还要指定类型？这是因为指针变量的大部分运算，如间接寻址运算，算术运算等，都与其指向的变量的类型有关。本节将介绍指针的几种常见的运算。

7.2.1 间接寻址运算

间接寻址运算是指针变量最常用的运算之一。一元运算符(*)是间接寻址或间接引用运算符(Indirection Operator)。当它作用于指针时，将访问指针所指向的变量。例如：

```
int i = 1;
int *p = &i;
printf("i = %d, *p = %d\n", i, *p);
```

上述代码块最后输出的结果为 i = 1，* p = 1。事实上，二者是等价的，可以把 * p 看作是变量 i 的别名，因为它们都是访问的变量 i 所在的那块内存。只是二者访问的方式不同，直接用变量名访问变量的方式称为直接访问，而通过间接寻址运算符访问指针指向的变量的方式称为间接访问。

需要注意的是，没有初始化的指针变量称为"野指针(Wild Pointer)"，不要对一个野指针变量做间接运算。例如：

```
int *p;
*p = 10;      /*错误的使用范例 */
```

由于 p 变量未初始化，其值是不确定的，因此上述赋值操作试图往一块不确定的内存中写数据，可能会导致系统崩溃。

提示：若指针变量初始化时还没有明确具体指向哪个变量，可将指针赋值为 NULL，此时该指针变量称为空指针，例如：

```
int *p2 = NULL;
```

NULL 是 C 标准库定义的一个宏，它的定义在 stdio.h 文件中。

当需要对 p2 做运算时，可以先判断其是否为 NULL，然后再执行相应的操作，例如：

```
if(p2 != NULL){
    *p2 = 10;
}
```

7.2.2 指针赋值运算

指针变量的赋值可以概括为三种方式。

（1）将指针变量赋值为一个常量。例如：

```
int *p;
p = 1000;
```

这种方式是非常危险的，因为通常情况下程序员无法确定地址为 1000 的存储单元存放的是什么数据。大部分编译器在编译时都会给出警告信息，如果该常量为受系统保护的内存地址，有可能会导致系统的崩溃。一个例外就是，可以将指针变量赋值为 NULL，此时该指针就是一个空指针。

（2）将指针变量赋值为一个变量的地址。例如：

```
int num;
int *p2;
p2 = &num;
```

这是常用的指针变量赋值方式。上述语句中 & 是取地址运算符，&num 是一个表达式，该表达式的值为 num 变量的地址。执行上述语句后，指针变量 p2 中存放的是 num 的地址值，即指向了 num。

（3）将指针变量赋值为另一个指针变量。例如：

```
int num;
int *p1, *p2;
p1 = &num;
p2 = p1;
```

上述语句首先将变量 num 的地址赋值给指针变量 p1，然后将 p1 的值赋值给 p2，此时

p2 的值也为 num 的地址,也就是说 p2 也指向 num 变量,此时 * p1 和 * p2 都是 num 的别名,如图 7-2 所示。

在进行赋值运算时,赋值运算符左右的指针必须指向同一个类型,否则在编译时会弹出警告信息,而且在运行时可能会导致错误的结果。

上述约束有一种例外。有一类指针指向的类型为 void 类型。例如:

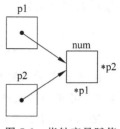

图 7-2　指针变量赋值

```
void *pVoid;
```

它通常称为无类型指针,可以指向任何数据类型,即任何类型的指针都可以赋值给无类型指针。例如:

```
int *p
void *pVoid = p;
```

将无类型指针赋值给其他类型指针时,需要进行强制类型转换。例如:

```
p = (int *)pVoid;
```

在进行强制类型转换时,程序必须明确知道 pVoid 指针实际指向的数据的类型,否则程序可能会报错。

需要说明的是,ANSI C 标准不允许对无类型指针进行算术运算。

7.2.3　指针算术运算

C 语言中,指针变量支持如下算术运算。

(1) 递增和递减运算。

(2) 加或减一个整型表达式。

(3) 减去一个指针变量。

注意:C 语言不支持两个指针变量进行加法操作。

程序清单 7-1 演示了几种常见的算术运算。

程序清单 7-1

```
1    #include <stdio.h>
2    int main(){
3        int a = 3, b = 2;
4        int *p = &a, *q = &b;
5
6        printf("p = %p,&a = %p\n", p, &a);
7        printf("++p = %p\n", ++p);
8        printf("执行完++p 后: p = %p\n", p);
9
10       p = &a;
11       printf("p++ = %p\n", p++);
12       printf("执行完 p++之后: p = %p\n", p);
```

```
13
14        p = &a;
15        printf("--p = %p\n", --p);
16        printf("执行完--p后：p = %p\n", p);
17
18        p = &a;
19        printf("p-- = %p\n", p--);
20        printf("执行完 p--后：p = %p\n", p);
21
22        p = &a;
23        printf("p + 1 = %p\n", p+1);
24
25        p=&a;
26        printf("p - 1 = %p\n", p-1);
27
28        p=&a;
29        printf("p = %p, q = %p\n", p, q);
30        printf("p - q = %d\n", p-q);
31
32        return 0;
33    }
```

程序运行结果如下。

```
p = 0061ff24, &a = 0061ff24
++p = 0061ff28
执行完++ p 后：p = 0061ff28
p++ = 0061ff24
执行完 p++ 后：p = 0061ff28
--p = 0061ff20
执行完--p后：p = 0061ff20
p-- = 0061ff24
执行完 p-- 后：p = 0061ff20
p + 1 = 0061ff28
p - 1 = 0061ff20
p = 0061ff24, q = 0061ff20
p - q = 1
```

注意：由于系统每次为变量分配的内存地址可能不同，因此程序运行的结果可能不同。

程序清单 7-1 中，printf()函数使用了一个专门用于输出指针（地址）的格式转换符%p，它会将指针变量的值以十六进制的形式输出，并且位数正好为程序运行环境中内存地址的位数，如本例中运行结果为 8 个十六进制位（每个十六进制位正好对应 4 个二进制位，即 32 个二进制位），也就是说当前环境是一个 32 位的地址系统。

代码第 3、4 行声明了两个 int 类型的变量 a 和 b，以及两个指向 int 类型的指针变量 p 和 q，初始化后指针 p 指向变量 a，指针 q 指向变量 b。代码第 6 行输出指针变量 p 的值和 &a 表达式的值（即变量 a 的地址），从运行结果中可以看出二者的值是相同的。

另外，为了方便对比，每执行完一次算术运算后，都让变量 p 重新指向 a，如代码第 10 行和第 14 行等所示。

从程序的运行结果可以看出，指针变量进行递增和递减操作时运算规则与普通变量类似,前置递增和后置递增操作的区别在于递增表达式的值不同(代码第 7 行和第 11 行),但两个操作都会增加指针变量的值(代码第 8 行和第 12 行)。然而,与普通变量的递增运算不同的是,指针的变量递增运算并不是加 1,而是加 4;类似地,指针变量的递减运算并不是减 1,而是减 4。这一规则也同样适用于指针变量加减一个整数(代码第 23 行和第 26 行)。另外,当两个指针变量作减法运算时,尽管指针变量 p 和 q 的值相差 4,但表达式 p－q 的值却是 1。所有这一切都与指针变量进行算术运算的规则有关。具体可以归纳如下。

假设指针变量 p 和 q 指向的类型均为 type(声明语句为 type * p, * q;):

(1) ++p 表达式的值为 p 的值加上 sizeof(type),运算后 p 的值也变为 p 原来的值加上 sizeof(type);－－p 与++p 类似。

(2) p++ 表达式的值为 p 原来的值,运算后 p 的值为 p 原来的值加上 sizeof(type);p－－与 p++ 类似。

(3) p+exp(exp 为一个整型表达式)的值为 p 的值加上 exp * sizeof(type);p－exp 与 p+exp 类似。

(4) p－q 的值为 p 的值减去 q 的值再除以 sizeof(type)。

思考:将程序清单 7-1 中 a 和 b 变量以及 p 和 q 变量的类型分别声明为 short 和 char 类型,对比程序的运行结果。

可能读者会问,C 语言为什么要这样定义指针算术运算的规则?这主要是为了操作数组的需要。在接下来的两节中,读者将会发现上述运算规则在操作数组时的优势。

7.3 指针与一维数组

7.3.1 一维数组的地址

一维数组在内存中是连续存储的,各元素的地址具有一定的规律性,如程序清单 7-2 所示。

程序清单 7-2

```
1    #include <stdio.h>
2    #define N 10
3    int main(){
4        short a[N], i;
5        printf("a = %p\n", a);
6        for(i = 0; i < N; i++){
7            printf("&a[%d] = %p\n", i, &a[i]);
8        }
9
10       return 0;
11   }
```

程序的运行结果如下。

```
a = 0061ff1a
&a[0] = 0061ff1a
```

```
&a[1] = 0061ff1c
   ⋮
&a[9] = 0061ff2c
```

程序清单 7-2 中,代码第 5 行直接输出了数组名,从运行结果可以看出数组名 a 的值和数组中的第一个元素 a[0] 的地址相同。这说明,数组名的值是数组第一个元素的地址,也称为数组的首地址。另外,相邻数组元素的地址总是相差 2,这正好是一个 short 类型的变量所占的字节数。这也验证了数组中的元素是连续存储的。

需要注意的是,由于每次程序运行时系统为变量分配的内存可能不同,因此程序的输出结果可能会不同(本章后续的输出变量地址的程序也是如此,不再一一说明),但相邻元素的地址一定相差一个 type 类型所占的字节数[sizeof(type),type 指的是数据类型]。

7.3.2　指向一维数组的指针

指向数组的指针的定义和指向普通变量的指针定义相同,这是因为指针指向数组本质上是指向数组的第一个元素。假定一维数组和指针变量的定义如下。

```
int a[10];
int *p;
```

注意:指针变量指向的类型应该与一维数组的类型相同,否则可能会得到意料之外的结果。

指向一维数组的指针有两种赋值方案。

(1)让指针指向数组的第一个元素。

```
p = &a[0];
```

(2)由于数组名的值即为数组的第一个元素的地址,所以可以将数组名直接赋值给指针变量 p。

```
p = a;
```

程序清单 7-3 所示为指针变量与数组中各元素地址之间的对应关系。

程序清单 7-3

```
1    #include <stdio.h>
2    #define N 10
3    int main(){
4        int a[N] = {1, 2, 3, 4, 5, 6, 7, 8, 9, 10};
5        int i, *p = a;
6
7        for(i = 0; i < N; i++){
8            printf("p + %d = %p, &a[%d] = %p\n", i, (p+i), i, &a[i]);
9        }
10       for(i = 0; i < N; i++){
11           printf("*(p+%d) = %d, a[%d] = %d\n", i, *(p+i), i, a[i]);
```

```
12        }
13
14        return 0;
15   }
```

程序运行结果如下。

```
p + 0 = 0061ff00, &a[0] = 0061ff00
p + 1 = 0061ff04, &a[1] = 0061ff04
⋮
p + 9 = 0061ff24, &a[9] = 0061ff24
* (p+0) = 1, a[0] = 1
* (p+1) = 2, a[1] = 2
⋮
* (p+9) = 10, a[9] = 10
```

程序清单 7-3 中,代码第 5 行将指针 p 指向数组,即指向数组的第一个元素。代码第 7～9 行中循环输出 p+i 的值和数组元素 a[i] 的地址。从运行结果可以看出,二者的值是相同的,也就是说 p+i 指向了 a[i],如图 7-3 所示。代码第 10～12 行则循环输出了 *(p+i) 和 a[i] 的值,运行结果显示二者的值也是相同的。事实上,*(p+i) 可以看作 a[i] 的别名。

综上所述,若指针变量 p 指向一维数组 a,可以得到以下两个结果。

(1) p+i 即 a[i] 的地址,也就是说 p+i 指向了 a[i]。

(2) *(p+i) 和 a[i] 访问的是同一块内存,*(p+i) 可以看作是 a[i] 的别名,因此二者的值是相同的。

当一个指针指向一个数组时,可以直接通过指针变量遍历数组,如程序清单 7-4 所示。

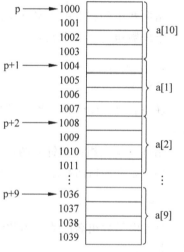

图 7-3 指向数组的指针

程序清单 7-4

```
1    #include <stdio.h>
2    #define N 10
3    int main() {
4        int a[N] = {1, 2, 3, 4, 5, 6, 7, 8, 9, 10};
5        int *p = a;
6
7        while(p <= &a[N-1]) {
8            printf("%3d", *p);
9            p++;
10       }
11       printf("\n");
12
13       return 0;
14   }
```

程序的运行结果如下。

```
1  2  3  4  5  6  7  8  9  10
```

程序清单 7-4 实现了遍历(逐个)输出数组中的所有元素。与之前的遍历数组不同的是,本程序并没有用到数组下标,而是通过一个指向数组的指针变量 p 实现的。代码第 7 行是 while 循环的控制表达式,当 p 的值小于等于 a[N−1](即数组的最后一个元素)的地址时执行循环体。代码第 8 行是循环体的第一个语句,输出 * p 的值,即 p 当前指向的变量的值。代码第 9 行是循环体的第二个语句,执行 p++操作。在 7.2 节我们已经知道 p++运算会将 p 的值(指向的变量的地址)加上 p 指向变量的类型所占的字节数,本例为加 4,如图 7-4 所示。

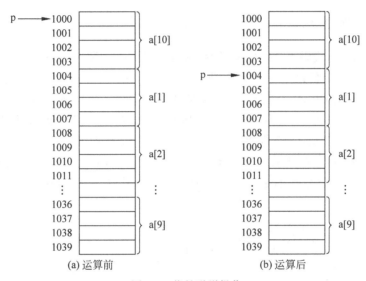

图 7-4　指针递增操作

【例 7-1】 编写程序将一维数组中的元素逆序存放。例如,对于数组{1,2,3,4},逆序存放后为{4,3,2,1}。

程序清单 7-5

```
1    #include <stdio.h>
2    #define N 10
3    int main(){
4        int a[N] = {1, 2, 3, 4, 5, 6, 7, 8, 9, 10};
5        int i, temp, *front = a, *back = &a[N-1];
6
7        while(front < back){
8            temp = *front;
9            *front = *back;
10           *back = temp;
11           front++;
```

```
12              back--;
13          }
14      printf("对数组逆序后的结果为:");
15      for(i = 0; i < N; i++){
16          printf("%4d", a[i]);
17      }
18      printf("\n");
19
20      return 0;
21  }
```

程序的运行结果如下。

对数组逆序后的结果为: 10 9 8 7 6 5 4 3 2 1

程序清单 7-5 中,代码第 5 行定义了两个指针变量 front 和 back,front 指向数组的第一个元素,back 指向数组的最后一个元素(即 a[N-1]),如图 7-5 所示。代码第 7 行为 while 循环的控制表达式,当 front 指针小于 back 指针时,即 front 指针在 back 指针前面,执行循环体。代码第 8~10 行交换了 front 和 back 指向的变量的值。代码第 11 行使 front 指针指向下一个数组元素;代码第 12 行使 back 指针指向前一个元素,如图 7-6 所示。随着循环的执行,front 指针和 back 指针最终会处于两种状态之一:当数组有奇数个元素时,front 和 back 指向同一元素;当数组有偶数个元素时,back 指针恰好在 front 指针前面,如图 7-7 所示。

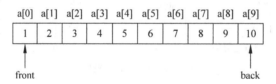

图 7-5 初始状态

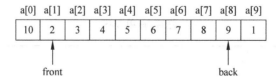

图 7-6 第一次循环后的状态

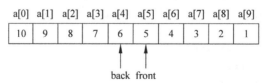

图 7-7 最后一次循环后的状态

7.3.3　数组名与指向数组的变量

当一个指针变量指向一个数组时,可以采用数组下标的方式访问数组中的元素,如以下代码所示。

```
int a[N];
int i, *p = a;
for(i = 0; i < N; i++){
    printf("%4d", p[i]);
}
```

此时,p[i]和 a[i]是可以相互替换的。

同理,也可以将数组名采用指针变量的方式访问数组中的元素,如下面的代码所示。

```
int a[N];
int *p = a;
for(i = 0; i < N; i++){
    printf("%4d", *(a + i));
}
```

此时 *(a+i)和 *(p+i)是可以相互替换的。

综上所述,当指针变量 p 指向数组 a 时,以下四种访问方式是可以相互替换的。

(1) a[i]

(2) *(a+i)

(3) p[i]

(4) *(p+i);

上述四种方式是访问变量的内容,相应地,以下四种方式均表示的是数组第 i 个元素的地址。

(1) &a[i]

(2) a+i

(3) &p[i]

(4) p+i

可能读者会有疑问,指向数组的指针变量和数组名是否可以相互替换? 它们有什么使用上的异同? 二者的不同可以体现在如下三个方面。

(1) 指针变量的值是可以改变的,但数组名的值是不能改变的。因此表达式 p++是合法的,但表达式 a++是不合法的。

(2) 对指针变量和数组名分别作 sizeof 运算的结果不一定相同,如 sizeof(a)的值为数组 a 所占的字节数;而 sizeof(p)则是地址所占的字节数。

(3) 若指针变量 p 指向的不是数组的第一个元素,那么 p[i]和 a[i]的值可能不同。例如:

```
int a[N];
int i, *p = (a + 1);
```

此时,p[i]其实表示的是 a[i+1]。

7.4 指针与二维数组

7.4.1 二维数组的地址

二维数组可以看作一个一维数组,该一维数组的每个元素又是一个数组。例如:

```
float m[3][3];
```

二维数组 m 可以看作一个长度为 3 的一维数组,其元素分别为 m[0]、m[1]和 m[2]。这三个元素又分别为一个长度为 3 的数组,如数组 m[0]的三个元素分别为 m[0][0]、m[0][1]和 m[0][2]。m[0]、m[1]和 m[2]分别为三个数组的数组名。二维数组中各元素的地址规律如程序清单 7-6 所示。

程序清单 7-6

```
1    #include <stdio.h>
2    #define R 3
3    #define C 4
4    int main(){
5        float m[R][C];
6        int i, j;
7
8        printf("m = %p\n", m);
9        for(i = 0; i < R; i++){
10           printf("m[%d]=%p: ", i, m[i]);
11           for(j = 0; j < C; j++){
12               printf("&m[%d][%d]=%p  ", i, j, &m[i][j]);
13           }
14               printf("\n");
15       }
16       return 0;
17   }
```

程序运行结果如下。

```
m = 0061ff04
m[0]=0061ff04: &m[0][0]=0061ff04 &m[0][1]=0061ff08 &m[0][2]=0061ff0c
m[1]=0061ff10: &m[1][0]=0061ff10 &m[1][1]=0061ff14 &m[1][2]=0061ff18
m[2]=0061ff1c: &m[2][0]=0061ff1c &m[2][1]=0061ff20 &m[2][2]=0061ff24
```

由运行结果可以看出:①二维数组名的值也是数组的第一个元素的地址,即数组的首地址;②m[0]、m[1]和 m[2]的值是其所在的行的第一个元素的地址,也可以认为是 m[0]、m[1]和 m[2]是一维数组名;③由各个元素的地址可以看出,二维数组的各个元素在内存中是按行连续存放的,即先存第一行元素再存第二行元素,以此类推。

注意:尽管 m 和 m[0]的值相同,但二者具有不同的意义。m 是二维数组名,m[0]则可以看作一维数组(二维数组的第一行数据)的名字。另外,二者作 sizeof 计算的结果也不相同,表达式 sizeof(m)的值为 36,表达式 sizeof(m[0])的值为 12。

7.4.2 指向二维数组的指针变量

1. 指向二维数组的指针的定义

如何声明一个指向二维数组 m 的指针变量 p?同一维数组那样把 p 声明为指向 float 类型的指针变量是不行的,因为二维数组 m 的第一个元素 m[0]是一个数组,而不是 float 类型的变量。因此,应让 p 指向二维数组的一行,或者将 p 声明为一个指向长度为 3 的数组的指针变量。例如:

```
float (*p)[3];
```

由于该指针变量指向的二维数组的一行,因此也称为行指针。需要注意的是,由于[]的优先级高,会先与 p 结合,因此必须加括号。如果不加括号,则表示声明的是一个指针数组。

与指向一维数组的指针变量的赋值方式类似,指向二维数组的指针变量的赋值方式有以下三种。

(1)直接将二维数组名赋值给指针变量。例如:

```
p = m;
```

(2)直接将二维数组的第一行元素的地址赋值给指针变量。例如:

```
p = &m[0];
```

这种方式是将二维数组 m 看作一个一维数组,m[0]是一维数组的第一个元素。

(3)直接将二维数组的第一个元素的地址赋值给指针变量。例如:

```
p = &m[0][0];
```



```
p = m[0];
```

上述两条语句本质上还是将数组的首地址赋值给 p,这是因为二维数组名 m、m[0]的值都是 m[0][0]的地址,或者说二维数组 m 和一维数组 m[0]的第一个元素都是 m[0][0]。

2. 用指针变量操作行

由于指针变量 p 指向的数据类型是一个长度为 3 的 float 类型的数组,因此 p+1 相当于 p 的值加上 12,如图 7-8 所示。

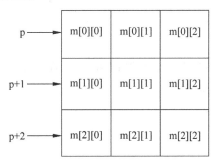

图 7-8 指向二维数组的指针

指向二维数组的指针变量针对行的一些常见操作如程序清单 7-7 所示。

程序清单 7-7

```
1    #include <stdio.h>
2    #define R 3
3    #define C 3
4    int main(){
5        float m[R][C] = {1, 2, 3, 4, 5, 6, 7, 8, 9};
6        float (*p)[C] = m;
7        int i, j;
8
9        for(i = 0; i < R; i++){
10           printf("p + %d = %p, &m[%d] = %p.\n", i, (p+i), i, &m[i]);
11           printf("*(p+%d) = %p, m[%d] = %p.\n", i, *(p+i), i, m[i]);
12       }
13
14       return 0;
15   }
```

程序的运行结果如下。

```
p + 0 = 0061ff04, &m[0] = 0061ff04.
*(p+0) = 0061ff04, m[0] = 0061ff04.
p + 1 = 0061ff10, &m[1] = 0061ff10.
*(p+1) = 0061ff10, m[1] = 0061ff10.
p + 2 = 0061ff1c, &m[2] = 0061ff1c.
*(p+2) = 0061ff1c, m[2] = 0061ff1c.
```

由于变量 p 指向数组 m，因此 p+i 的值和 m[i] 的地址相等，这一点和指向一维数组的指针变量一致。但与指向一维数组的指针不同的是，*(p+i) 和 m[i] 输出的仍然是地址，且与 m[i] 的地址相同。这是由于变量 p 指向的数据类型是一个一维数组，即 *p 是一个数组，所以输出的值为地址。对于取地址运算符而言，对一个数组名取地址得到的仍然是数组的首地址，因此 m[0] 的值和 &m[0] 的值相同。

综上所述，如果 p 是一个指向二维数组 m 的指针，如下表达式都是表示的二维数组的第 i 行（或第 i 个一维数组）。

(1) *(p+i)

(2) p[i]

(3) m[i]

(4) *(m+i)

相应地，尽管值与上述四个表达式的值相同，但下面四个表达式表示的意义是不同的，它们表示的是数组元素 m[i] 的地址。

(1) p+i

(2) &p[i]

(3) &m[i]

(4) m+i

3. 用指针操作列

p 是二维数组 m 的行指针，*p 是指向二维数组一行中的元素的列指针。程序清单 7-8 所示为采用行指针和列指针遍历二维数组中的所有元素的代码。

程序清单 7-8

```
1    #include <stdio.h>
2    #define R 3
3    #define C 3
4    int main(){
5        float m[R][C] = {1, 2, 3, 4, 5, 6, 7, 8, 9};
6        float (*p)[C] = m;
7        float *pCol = NULL;
8        int i, j;
9
10       for(i = 0; i < R; i++){
11           pCol = *(p + i);
12           for(j = 0; j < C; j++){
13               printf("%5.1f", *(pCol+j));
14           }
15           printf("\n");
16       }
17
18       return 0;
19   }
```

程序清单 7-8 中，代码第 7 行声明了一个指向 float 类型的指针变量。代码第 11 行中，*(p+i)是一个指向一维数组的指针，将其赋值给 pCol，即使 pCol 指向第 i 行。代码第 13 行中，*(pCol+j)相当于 pCol[j]。

提示：由于二维数组在内存中是按行连续存放的，因此也可以用一个指向一维数组的指针遍历二维数组的每个元素，如程序清单 7-9 所示。

程序清单 7-9

```
1    #include <stdio.h>
2    #define R 3
3    #define C 3
4    int main(){
5        float m[R][C] = {1, 2, 3, 4, 5, 6, 7, 8, 9};
6        float *ptr = &m[0][0];
7        int i;
8
9        for(i = 0; i < R * C; i++){
10           printf("%5.1f", *ptr);
11           if((i + 1) % c == 0){
12               printf("\n");
13           }
14           ptr++;
```

```
15        }
16
17        return 0;
18    }
```

7.5 指 针 数 组

指针数组是元素为指针变量的数组,其一般定义形式如下。

类型名 ＊数组名［常量表达式］;

例如:

int ＊pArr[4];

注意:不要将＊pArr用小括号括起,否则就变成定义一个指向二维数组的指针变量了。

由于指针数组的元素是地址,因此指针数组在内存中所占的字节数为数组的长度乘地址位数。例如,假定系统中内存地址用 32 个二进制位即 4 个字节表示,则表达式 sizeof(pArr)的值为 16。程序清单 7-10 所示为指针数组的使用方法。

程序清单 7-10

```
1    #include <stdio.h>
2    #define N 4
3    int main(){
4        int *pArr[N];
5        int i, num1 = 1, num2 = 2, num3 = 3, num4 = 4;
6
7        pArr[0] = &num1;
8        pArr[1] = &num2;
9        pArr[2] = &num3;
10       pArr[3] = &num4;
11
12       for(i = 0; i < N; i++){
13           printf("*pArr[%d] = %d\n", i, *pArr[i]);
14       }
15
16       return 0;
17   }
```

程序清单 7-10 中,代码 7～10 行分别让指针数组 pArr 的四个元素指向 num1、num2、num3 和 num4 四个变量,如图 7-9 所示。代码第 12 行以统一的方式输出了四个变量的值。

指针数组与指向二维数组的指针不只在定义形式上容易混淆,在使用方式上也有些类似。程序清

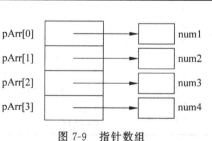

图 7-9 指针数组

单 7-11 所示为采用指针数组遍历二维数组中的各个元素。

程序清单 7-11

```
1    #include <stdio.h>
2    #define R 3
3    #define C 3
4    int main(){
5        float m[R][C] = {1, 2, 3, 4, 5, 6, 7, 8, 9};
6        float *pArr[R];
7        int i, j;
8        /*先将二维数组每行的首地址赋值给数组的每个元素 */
9        for(i = 0; i < R; i++){
10           pArr[i] = m[i];
11       }
12       for(i = 0; i < R; i++){
13           for(j = 0; j < C; j++){
14               printf("%5.1f", *(pArr[i]+j));
15           }
16           printf("\n");
17       }
18
19       return 0;
20   }
```

对比程序清单 7-8 不难发现,指向二维数组的指针是一个指针,而指针数组中定义了多个指针。前者可以通过指针运算得到每行的首地址,而后者需要如程序清单 7-11 中第 9～11 行所示,将二维数组每行的首地址依次赋值给指针数组的每个元素。

注意:指针数组中各个元素的值并没有什么必然联系,它们可以指向不同的变量,也可以依次指向二维数组的每一行,甚至可以指向相同的变量。

7.6 本章小结

指针是存放地址的变量。由于指针的很多操作都与它指向的变量的类型有关,因此声明指针变量时需定义指针指向的类型。也就是说,指针只能是指向某一数据类型的指针。

指针的间接寻址表达式与指针指向的变量指的是同一块内存,可以将它看作变量的别名。在进行间接寻址运算前一定要保证指针指向了某个变量,否则程序运行时可能会报错。指针支持递增、递减、加减某个整型表达式以及同类型的两个指针相减几种算术运算。需要注意的是指针变量算术运算操作的基本单位是指针变量指向的类型所占的字节数,这是用指针灵活地操作数组的需要。

一维数组的数组名的值即数组的首地址,数组名同指针变量一样可以进行算术运算,运算规则和指针变量相同。指向一维数组的指针变量的类型为数组元素的类型。指针变量指向一维数组即指向数组的第一个元素。数组名和指针变量的区别在于数组名的值不能修改,而指针变量的值可以修改,而且二者做 sizeof 运算结果也不同,前者为数组所占的字节数,后者为系统中地址表示的字节数。假定指针变量 p 指向数组 a,则 p+i、&p[i]、a+i、&a[i]是可以相互替换的,它们都表示数组第 i 个元素的地址;*(p+i)、p[i]、*(a+i)、a[i]是可以相互替换的,它们都表示数组第 i 个元素的值。

二维数组的数组名的值也是数组的首地址。二维数组可以看作一个一维数组,该一维数组的元素为二维数组的一行,也是一个一维数组。指向二维数组的指针变量的类型必须是一个长度为列宽的数组,如 float(*p)[3]。假定指针变量 p 指向数组 m,则 p+i、&p[i]、m+i、&m[i]是可以替换的,它们都表示 m[i]的地址;*(p+i)、p[i]、*(m+i)、m[i]是可以替换的,它们都表示 m[i]。尽管 m[i]和 &m[i]的值相同,但二者的意义不同,前者相当于一个数组名,而后者是对数组名做取地址运算。*(p+i)和 p[i]是指向数组第 i 行的指针,相应地,指向第 i 行第 j 列元素的指针为 *(p+i)+j 或 p[i]+j;m[i][j]、*(*(p+i)+j)和 *(p[i]+j)是可以相互替换的,指的都是二维数组的第 i 行第 j 列的元素。

指针数组是以元素为指针的数组。指针数组声明时不要将 * 和数组名括起来,否则就成了指向二维数组的指针变量。指针数组包含多个指针变量,各个指针变量之间没有必然的联系。

练 习 题

一、选择题

1. 下列程序的输出结果是(   )。

```
int main(){
    int a[3][3],*p,i;
    p=&a[0][0];
    for(i=0;i<9;i++){
        p[i]=i+1;
    }
    printf("%d\n",a[1][2]);
    return 0;
}
```

    A. 3   B. 6   C. 9   D. 随机数

2. 下列程序的输出结果是(   )。

```
int main(){
    int a[10] = {9,8,7,6,5,4,3,2,1,0}, *p = a + 5;
    printf("%d", *--p);
    return 0;
}
```

    A. 运行出错   B. a[4]的地址   C. 5   D. 3

3. 若有如下定义,则 b 的值是(   )。

```
int a[10] = {1,2,3,4,5,6,7,8,9,10}, *p=&a[3], b=p[5];
```

    A. 5   B. 6   C. 8   D. 9

4. 若二维数组 y 有 m 列,则排在 y[i][j]前的元素个数为(   )。

　　A. j＊m＋i　　　　　B. i＊m＋j　　　　　C. i＊m＋j－1　　　　D. i＊m＋j＋1

5. 若有语句 int ＊point,a＝4；和 point＝&a；下面均代表地址的一组选项是(   )。

　　A. a,point,＊&a　　　　　　　　　　　　B. & ＊a,&a,＊point

　　C. ＊&point,＊point,&a　　　　　　　　D. &a,& ＊point ,point

6. 假定每个 int 类型的数据在内存中占 4 个字节,若有定义 int a[]＝{10,20,30}, ＊p＝&a,当执行 p++;后,下列说法错误的是(   )。

　　A. p 向高地址移了一个字节　　　　　　B. p 向高地址移了一个存储单元

　　C. p 向高地址移了四个字节　　　　　　D. p 与 a＋1 等价

7. 若有定义 int a[10]＝{0,1,2,3,4,5,6,7,8,9}, ＊p＝a,则(   )不是对 a 数组元素的正确引用(其中 0≤i<10)。

　　A. p[i]　　　　　　B. ＊(＊(a＋i))　　　　C. a[p－a]　　　　　D. ＊(&a[i])

8. 执行以下程序段后,m 的值为(   )。

```
int a[2][3]={{1,2,3},{4,5,6}};
int m,*p=&a[0][0];
m=(*p)*(*(p+2))*(*(p+4));
```

　　A. 15　　　　　　　B. 14　　　　　　　C. 13　　　　　　　D. 12

9. 若有以下定义和语句:

```
int s[4][5], (*ps)[5]; ps=s;
```

则对数组 s 的元素的正确引用形式是(   )。

　　A. ps＋1　　　　　　　　　　　　　　　B. ＊(ps＋3)

　　C. ps[0][2]　　　　　　　　　　　　　D. ＊(ps＋1)＋3

10. 若已定义 char s[10],则下面表达式中不表示 s[1]的地址的是(   )。

　　A. s＋1　　　　　　B. s＋＋　　　　　　C. &s[0]＋1　　　　　D. &s[1]

二、编程题

1. 编写程序,查找数组中的最小值。使用指针操作数组完成任务。

2. 输入一个 5 行 3 列的二维数组,利用指向二维数组的指针变量求二维数组各行元素之和。

3. 给定一个排序数组,删除重复出现的元素,使每个元素只出现一次,返回移除后数组的新长度,要求使用指针实现数组元素的删除。

4. 有 N 个人围成一圈,编号为 1 到 N。从第一个人开始报数,凡报到 3 的倍数的人退出,编程输出最后留下的人原来排在第几号,要求使用指针实现。

第8章 函数

前面的章节中已多次提及函数(Function)的概念,如一个 C 程序有且只能有一个 main() 函数;在程序中经常调用库函数[如 printf()、scanf()等]来实现标准的输入/输出功能等。到现在为止,本书中的程序只有一个 main() 函数,即所有的执行语句都在 main() 函数中。然而,当问题的规模和复杂性增加时,这种方式势必会带来程序编写复杂、代码重复、可维护性差等问题。通过合理地设计函数可以将复杂问题分解成若干子问题,从而降低问题求解的复杂性,减少重复代码的出现并提高程序的可维护性。

本章重点讨论函数的定义和使用方法,以及局部变量和全局变量等概念。8.1 节主要介绍如何定义一个函数,以及函数的基本结构;8.2 节讨论函数调用的几种形式,以及参数传递、函数声明等概念;8.3 节讨论递归设计思想的实现;8.4 节讨论数组和指针作为函数参数时函数的定义与调用方式;8.5 节介绍局部变量和全局变量的概念;8.6 节介绍如何通过定义变量的存储类别指定变量的作用域、存储期限以及链接等属性;8.7 节是对本章的知识点进行总结。

8.1 函数的定义

8.1.1 什么是函数

函数的概念来自数学。在数学中,函数 f 和函数 g 的定义如下:

$$f(x) = x^3$$
$$g(x,y) = f(x) + 3y + 1$$

其中,f、g 称为函数名,x、y 称为函数的自变量(在程序设计中称为函数的参数)。$f(x)$、$g(x,y)$ 的定义给出了通过自变量计算函数值的方法。另外,函数 $g(x,y)$ 中调用了函数 $f(x)$,即在进行 $g(x,y)$ 的计算时,x^3 的计算交由 $f(x)$ 完成。C 语言中的函数与数学中的函数有相似之处,也包括函数名、参数以及具体操作的定义。

在 C 语言中,函数是完成特定任务的独立的程序代码单元。通过使用函数,可以将程序划分为小的模块,便于我们编写和理解。同时,函数只需定义一次,便可反复使用,以避免程序设计中的重复工作,提高开发效率。接下来通过一个例子说明使用函数的优点。

【例 8-1】 输出 100～200 所有的素数。

分析:程序清单 5-18 通过一个两层的 for 循环实现了上述功能。使用函数可以简化代码的结构,使程序的可读性和可维护性更高,具体代码如程序清单 8-1 所示。

程序清单 8-1

```
1    #include <stdio.h>
2    /*定义函数 isPrime */
3    int isPrime(int num){
4        int i;
5        for(i = 2; i < num; i++){
6            if(num % i == 0){
7                break;
8            }
9        }
10       if(i < num){
11           return 0;
12       }else{
13           return 1;
14       }
15   }
16   /*程序的入口——main()函数 */
17   int main(){
18       int i, count = 0;
19
20       for(i = 100; i < 200; i++){
21           if(isPrime(i)){          //等价于 if(isPrime(i) != 0){
22               printf("%5d", i);
23               count++;
24               if(count % 5 == 0){
25                   printf("\n");
26               }
27           }
28       }
29
30       return 0;
31   }
```

程序清单 8-1 中,代码第 3~15 行定义了一个名为 isPrime 的函数,该函数完成了判断 num 是否为素数,如果是则返回 1;否则返回 0。代码第 21 行中,main()函数调用 isPrime()函数实现判断一个数是否为素数的功能。

定义 isPrime()函数有两个好处:①isPrime()函数实现了判断一个数是否为素数的功能,main()函数中需调用 isPrime()函数即可,不需要再考虑该功能的具体实现,这减少了 main()函数的复杂度。②假设在 main()函数或其他函数中还需要判断一个数是否为素数,只需调用 isPrime()函数即可实现,正所谓"一次编写,多处调用",从而减少了代码重复率,提高了程序的可维护性。

接下来以 isPrime()函数为例,阐述如何定义一个函数。

8.1.2 函数的定义

函数定义的一般形式如下。

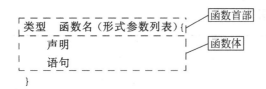

函数的定义可以分为两部分：左大括号之前是函数首部；大括号之间是函数体。函数首部通常依次包含函数的返回值类型、函数名及形式参数（Formal Parameter，以后简称形参）的定义，这些信息也称为函数的签名（Signature），可以唯一标识程序中的一个函数。其中，函数的返回值类型可以为任意基本数据类型、指针类型、void 类型等；函数名是一个标识符，因此其命名需遵从标识符的规范；形参列表定义了函数调用时需要传入的数据的规格。函数可以有多个形参，多个形参之间用逗号分隔。其形式如下：

类型 1 参数名 1，类型 2 参数名 2，…，类型 n 参数名 n

形参列表也可以为空，此时说明函数的运行不需要传入任何数据。形参列表为空的函数称为无参函数。相应地，形参列表不为空的函数称为有参函数。形参的定义与变量类似，且在函数体内形参的使用与其他变量没有区别，因此形参又称为形参变量。

可以把函数看作一个黑盒，形参列表定义了输入的数据的规格，而返回值类型则定义了输出数据的规格，如图 8-1 所示。例如，isPrime()函数要求调用时给函数传入一个 int 类型的值，函数会返回一个 int 类型的值。

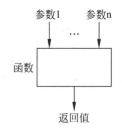

图 8-1　将函数看作一个黑盒

函数可以没有返回值，此时应将函数的返回值类型定义为 void。如果函数定义时没有指定函数返回值类型，则返回值类型默认为 int。

函数的函数体中通常包括局部变量的定义和可执行语句两个部分，它定义了函数功能实现的细节。

【例 8-2】 编写一个计算两个 double 类型数值的平均值的函数。

分析：这个函数的功能非常简单，就是求两个 double 类型的数值的平均值。要想实现这个功能，函数需要从外部传入两个 double 类型的数，计算完成后，函数会返回一个 double 类型的值，即传入的两个数的平均值。具体实现代码如程序清单 8-2 所示。

程序清单 8-2

```
1   #include <stdio.h>
2
3   double average(double num1, double num2){
4       double aver = (num1 + num2)/2;
5
6       return aver;
7   }
```

需要注意的是，程序清单 8-2 只定义一个实现求两个数的平均值的函数，由于没有定义 main()函数，所以并不能够执行。

8.1.3 return 语句

除了返回值类型为 void 的函数之外，其他函数必须使用 return 语句来指定将要返回的值。return 语句的语法格式如下。

```
return 表达式;
```

其中，表达式既可以是常量或变量，也可以是复杂的表达式，return 语句返回表达式的值。如程序清单 8-2 中，可以在函数中直接返回(num1＋num2)/2。

如果 return 语句中表达式的类型和在函数首部指定的返回值类型不一致，那么系统会把表达式的类型隐式转换成返回值类型。例如：

```
int add(float a, float b)
{
    float c;
    c = a + b;
    return c;
}
```

除了返回值给调用本函数的上一级函数之外，return 语句还具有控制跳转的功能。它将中止当前函数的执行，返回到调用本函数的上一级函数执行。因此，在返回值类型为 void 类型的函数中，可以使用 return 语句来结束函数的执行，此时 return 语句后不跟表达式，语句形式如下。

```
return ;
```

8.1.4 带参数的宏

1. 带参数的宏定义
带参数的宏替换与函数从形式上有些类似，其一般形式如下。

```
# define 宏名(形式参数列表) 替换序列
```

其中，形式参数列表中可以包含若干个参数(参数之间用逗号分隔)，每个参数均为一个标识符。这些参数可以在替换序列中出现多次。需要注意的是在宏名和左括号之间不能有空格，否则预处理器会认为这是一个简单宏，括号及括号后的所有内容都是替换序列。

在程序代码中，调用带参数宏替换的方式如下。

```
宏名(实际参数列表)
```

其中，每个实际参数均是一个字符序列(可以包含标识符、关键字、常数、字符串常量、运算符、标点符号等)，实际参数的个数必须和形式参数的个数相同。

如程序清单 8-2 中的 average()函数可以用以下带参数的宏实现。

```
#define AVG(num1, num2) (num1+num2)/2
```

注意：

（1）宏替换不是语句，因此指令的最后通常不加分号，添加分号（分号将被作为替换序列的一部分）可能会导致替换后得到的程序代码出现语法错误。例如：

```
#define PI 3.1425926;
s = PI * r * r;
```

语句经预处理后会替换为

```
s = 3.1415926; * r * r;
```

编译时会提示语法错误。

（2）不论是带参数的宏还是不带参数的宏，在处理时预处理器只是进行字符序列的替换，不会执行其中的运算。例如，假定宏定义如下：

```
#define square(n) n * n
```

则语句

```
printf("%d", square(a+1));
```

经过预处理器替换后，square(a+1)会替换为 a+1 * a+1，而非(a+1) * (a+1)。这是由替换的规则所决定的。对于上述例子，可以做如下改进。

```
#define square(n) (n) * (n)
```

不难验证，通过为替换序列中出现的每个形式参数加上括号，可以避免上述问题的出现。

（3）定义带参数的宏时，宏名和左括号之间不能有空格，否则被认为是无参数的宏，"（形式参数列表）"将被作为替换序列的一部分。例如，假定宏定义如下：

```
#define square (n) n * n
```

则语句

```
printf("%d", square(a+1));
```

经过预处理后会被替换为

```
printf("%d", (n) n * n(a+1));
```

编译时编译器会提示错误。

（4）类似于全局变量，宏替换的作用范围是从它的定义开始直到源文件结束，但可以通过#undef 预处理指令提前终止相应宏的作用范围。例如：

```
#define PI 3.1415926
int main( )
{
    ...
}
#undef PI
void func()
```

```
{
    ...
}
```

在 func()函数内不能使用 PI 宏定义,因为 func()函数不在 PI 的作用范围内。

(5) 对于程序中用双引号引起来的字符串内的字符序列,即使同宏名相同也不被替换,例如:

```
#define PI 3.1415926
int main(){
    ...
    printf("PI=%f\n", PI);
}
```

printf()函数的格式字符串内的 PI 不会被替换,而后面的 PI 将会被替换。

2. 带参数的宏与函数的区别

尽管形式上类似,但单参数的宏和函数具有本质性的区别,具体体现在如下三个方面。

(1) 从形式上来看,函数定义中形参必须指定类型,如果实参的类型与形参不一致,将进行类型转换;而带参数的宏替换的形式参数无须指定类型,因为其参数没有类型,只是一个标识符,将来用实际参数直接代替即可。

因此,相对于 average()函数,AVG 宏更具有通用性,除了可以计算 float 类型的参数的平均值,也可以计算 int 类型的参数的平均值。因为带参数的宏只是替换,并不会进行类型检查。

(2) 从执行时间上来看,函数经过编译、链接后在程序运行过程中被调用执行;而带参数的宏替换在编译之前就被替换。由于少了函数调用时的切换开销,带参数的宏的执行速度要略快于函数。

(3) 从执行方式上来看,函数的执行是在程序运行时处理的,需要分配临时的内存单元,并涉及运行环境的保存与恢复,因此将耗费额外的内存资源与执行时间;而带参数的宏的替换操作是在编译前进行的,在替换时并不分配内存单元,不进行值的传递处理,也没有返回值的概念。

尽管在执行效率上具有一定的优势,但由于带参数的宏无论是在安全性还是可读性方面都具有一定的缺陷,因此宏只适合定义一些简单的功能。

8.2 函 数 调 用

8.2.1 函数调用的一般形式

除了 main()函数之外,其他函数中的语句只有在被 main()函数直接或间接地调用(call)时才会执行。函数调用的一般形式如下。

函数名(实际参数列表)

其中,函数是通过函数名调用的,随后的括号中将给出相应的实际参数,多个实际参数用逗号分隔。

实际参数(简称为实参)即要传递给被调函数的数据。实参并不要求必须是变量,可以是变量、常量或任何正确的表达式。程序执行时会把实参的值按照位置顺序逐个传递给相应的形参,因此实参的个数必须和形参的个数相同,并且实参要和对应的形参类型一致。如果实参的类型和形参不一致,程序将自动进行类型转换,即将实参转换为其对应形参的类型。当然,也可以在调用时,使用强制类型转换运算符来使实参的类型与形参一致。

如果函数没有形参,则调用时不需要提供实参,但函数名后的小括号不能省略。

对于 void 类型的函数,其函数调用是一个语句,函数调用后面要带有分号。例如:

```
showinfo();
```

对于非 void 类型的函数,其调用方式可分为如下几种。

(1) 作为表达式的一部分继续参与运算。例如:

```
value = average(a, b) + base;
```

(2) 作为其他函数的实际参数。例如:

```
printf("average = %.3f\n", average(a, b));
```

(3) 直接作为语句出现。例如:

```
scanf("%d", &a);
```

【例 8-3】 输入三个整数,输出这三个数的最大值,见程序清单 8-3。

程序清单 8-3

```
1   #include <stdio.h>
2   /*定义求两个整数中最大值的函数 */
3   int max(int num1, int num2){
4       if(num1 > num2){
5           return num1;
6       }
7
8       return num2;
9   }
10
11  int main(){
12      int num1, num2, num3;
13
14      printf("请输入三个整数:");
15      scanf("%d%d%d", &num1, &num2, &num3);
16
17      printf("%d、%d 和 %d 三个整数中的最大值为%d\n",
18              num1, num2, num3, max(max(num1, num2), num3));
19
20      return 0;
21  }
```

程序清单 8-3 中,代码第 3~9 行定义一个函数,该函数的形参为两个 int 类型的变量 num1 和 num2;返回值类型为 int 类型;函数最终返回的是 num1 和 num2 的最大值。值得一提的是代码第 8 行,return num2 这条语句并没有放在 if 语句的 else 子句中。这是因为如果 num1>num2 成立,程序会执行 return num1,此时会结束函数的执行,因此一定不会执行到 return num2 语句;反之,若不成立,则一定会执行 return num2 语句。因此函数体中的代码等价于如下代码块。

```
if(num1 > num2){
    return num1;
}else{
    return num2;
}
```

代码第 17、18 行展示了 max()函数的调用形式。首先表达式 max(max(num1, num2), num3)实现的是求 num1、num2 和 num3 三个数的最大值。内层的 max(num1, num2)返回的是 num1 和 num2 的最大值,它是外层的 max()函数的一个实参;外层的 max 则比较的是 num1 和 num2 之间的最大值与 num3 的最大值,它又是 printf()函数的一个实参。

8.2.2 函数调用时的参数传递

程序在执行函数调用时,如果函数是一个有参函数,则会首先计算实参表达式的值,然后将值传给形参变量。函数执行时操作的是形参变量,与实参无关,因此,如果形参的值发生了变化,实参的值不会有影响。这种形参和实参之间的参数传递通常称为值传递。

【例 8-4】 分析程序清单 8-4 中的代码的运行结果。

程序清单 8-4

```
1    #include <stdio.h>
2
3    void swap(int num1, int num2){
4        int temp;
5
6        temp = num1;
7        num1 = num2;
8        num2 = temp;
9    }
10
11   int main(){
12       int var1 = 10, var2 = 20;
13
14       printf("交换前: var1 = %d, var2 = %d.\n", var1, var2);
15       swap(var1, var2);
16       printf("交换前: var1 = %d, var2 = %d.\n", var1, var2);
17
18       return 0;
19   }
```

分析：

（1）程序从main（）函数（第11行代码）开始逐行执行。代码第12行声明了两个变量var1和var2，执行时程序会为var1和var2分别分配一块存储单元，并将初值分别放入这两块存储单元中。

（2）执行到代码第15行时，程序调用swap（）函数，此时程序会跳转到swap（）函数执行（代码第3行）。执行swap（）函数时，程序会首先为swap（）函数的两个形参变量num1和num2在内存中分别分配一块存储单元，并将实参的值传给这两个变量，如图8-2所示。

（3）程序开始执行swap（）函数体的语句，即交换形参变量num1和num2的值，如图8-3所示。不难看出，程序交换的是num1和num2的值，var1和var2的值并没有改变。

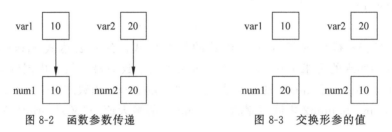

图 8-2　函数参数传递　　　　　图 8-3　交换形参的值

（4）swap（）函数执行结束后程序会继续返回main（）函数，并从代码第16行开始执行，即输出var1和var2的值；然后执行代码第18行，返回0，结束main（）函数的执行，程序结束执行。

因此，程序的执行结果如下。

```
交换前：var1 = 10, var2 = 20.
交换前：var1 = 10, var2 = 20.
```

综上所述，函数调用时参数的传递具有如下特点。

（1）程序在执行函数调用时，会跳转到被调用函数的代码执行被调用函数。

（2）在执行被调用函数之前，程序会首先为形参变量分配单独的存储单元，然后将实参的值存放到该存储单元中。

（3）在执行被调用函数时，对形参变量的操作都是针对形参变量所在的存储单元进行操作的，与实参无关。

8.2.3　函数声明

在本章前面的程序中，自定义函数的定义都放在了main（）函数定义的前面。也就是说，函数的定义都出现在函数调用语句之前。C99标准遵循这样的规则：在调用一个函数之前，必须先对其进行声明或定义，否则编译器会提示警告或出错信息。例如，程序清单8-5编译时就会提示错误信息。

程序清单 8-5

```
1    #include <stdio.h>
2    int main(){
```

```
3        float num1, num2;
4        scanf("%f%f", &num1, &num2);
5        printf("%.3f 和%.3f 的平均值为%.3f\n", num1, num2, average(num1, num2));
6    }
7
8    double average(double num1, double num2){
9        double aver = (num1 + num2)/2;
10
11       return aver;
12   }
```

这是由于程序执行到代码第 5 行调用 average()函数时,编译器没有任何关于 average()函数的信息,如函数的返回值类型、形参的个数以及各个形参的类型等。此时编译器会自动为average()函数创建一个隐式声明(implicit declaration),将 average()的返回值类型设定为函数的默认返回值类型,即 int 类型,形参的个数和类型根据实参确定。然而,当编译器执行到代码第 8 行时,它会发现 average()函数的返回值类型实际上是 double 而不是 int,从而会输出错误信息,codeblocks 中的错误信息如图 8-4 所示。

```
5    warning: implicit declaration of function 'average' [-Wimplicit-function-declaration]
7    error: conflicting types for 'average'
5    note: previous implicit declaration of 'average' was here
```

图 8-4　函数未声明的出错信息

为了避免上述问题,一种方法是保证每个函数的定义都出现在调用它的函数之前,但这种方法限制函数的定义顺序和文件的组织方式,进而降低代码的可读性。通常采用另外一种方法,即在函数调用前声明函数。

函数声明(Function Declaration)又称为函数原型(Function Prototype),它可以使编译器提前获取函数的基本信息,进而可以帮助编译器进行更全面、更严格的语法检查。函数声明类似于函数定义的首部,区别是后面要带有一个分号,其一般形式如下。

类型 函数名(形式参数列表);

例如,为调用 average()函数而提供的函数声明可以如下表示。

```
float average(float a, float b);
```

或

```
float average(float , float );
```

在第二种形式中省略了函数形参的名字,这是可以的。编译器只需要知道形参的个数和类型,对形参的名字并不关心。

函数声明语句可以放在调用函数内部,也可以放在函数外部。当函数声明语句放在调用函数的内部时,函数声明语句只在本函数体内有效,如以下代码所示。

```
int main(){
    float average(float, float);
    int num1, num2;
    ...
}
```

此时在 main()函数中调用 average()函数,编译器不会提示错误信息,但如果在其他函数中也调用 average()函数,编译器仍然会报错。

当函数声明语句放在函数外部时,函数声明语句后的任何调用编译器都不会警告或报错,如以下代码所示。

```
float average(float, float);
int main(){
    int num1, num2;
    ...
}
```

8.3　递　　归

递归(Recursive)调用即函数调用它本身。递归是程序设计中一个常见的方法。采用递归方法编写程序可以使程序变得简洁、清晰、容易理解。本节首先通过一个例子来阐述用递归解决问题的基本思想。

【例 8-5】 汉诺塔(Tower of Hanoi)问题。汉诺塔问题源自一个古老的印度传说。印度教的主神梵天创造世界的时候做了三根金刚石柱子,在一根柱子上从下往上串好了由大到小的 64 片黄金圆盘,这就是所谓的汉诺塔。大梵天命令婆罗门把圆盘从下面开始按大小顺序重新摆放在另一根柱子上。并且规定,在小圆盘上不能放大圆盘,在三根柱子之间一次只能移动一个圆盘。假设三根柱子分别命名为 A、B、C,编写程序输出将 n 片圆盘从 A 柱子移动到 C 柱子的移动顺序,如图 8-5 所示。

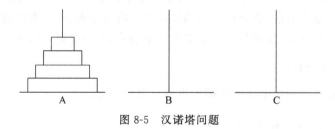

图 8-5　汉诺塔问题

分析:递归通常是一种自上向下的设计方法。传统的自下而上的思考方式是,第一步应该先移动哪一个圆盘,然后再移动哪一个圆盘……自上向下的思考方式是:如果把 n 个盘子从 A 移动到 C,只需要分为如下三步。

(1) 把 A 柱子上面的 n−1 个盘子从 A 移动到 B。

(2) 把 A 柱子最底下的一个盘子从 A 移动到 C。

(3) 把 B 柱子上的 n−1 个盘子从 B 移动到 C。

上面三个步骤中,第(2)步是可以直接操作的,而第(1)步和第(3)步本质上是同一个问题,都是把 n−1 个盘子从一个柱子移动到另外一个柱子的问题,它们的实现方法是一样的。事实上,把 n−1 个盘子从一个柱子移动到另外一个柱子的问题,和把 n 个盘子从一个柱子移动到另外一个柱子的问题本质也是同一个问题,只是问题的规模不同(一个要移动 n 个盘子,另一个要移动 n−1 个盘子)。

定义函数的原型如下。

```
void hanoi(int n, char a, char b, char c);
```

该函数的功能为将 n 个圆盘从参数 a 表示的柱子借助参数 b 表示的柱子移动到参数 c 表示的柱子,函数具体的实现代码如程序清单 8-6 所示。

程序清单 8-6

```
1    #include <stdio.h>
2    void move(int, char, char);
3    void hanoi(int, char, char, char);
4
5    int main(){
6        hanoi(4, 'A', 'B', 'C');
7    }
8
9    void hanoi(int n, char a, char b, char c){
10       if(n == 1){
11           move(n, a, c);
12       }else{
13           hanoi(n-1, a, c, b);
14           move(n, a, c);
15           hanoi(n-1, b, a, c);
16       }
17   }
18
19   void move(int no, char from, char to){
20       printf("move %d: %c -> %c\n", no, from, to);
21   }
```

程序清单 8-6 中,代码第 8～16 行为汉诺塔问题的递归实现。其中,第 12、13、14 行分别实现了上述步骤(1)～(3),第 12 行实现的是将 n−1 个圆盘从 a 借助 c 移动到 b;第 13 行实现的是将最底下的第 n 个圆盘从 a 移动到 c;第 14 行实现的是将 n−1 个圆盘从 b 借助 a 移动到 c。不难看出,第 12 行和第 13 行的函数调用语句调用的是 hanoi() 函数本身,即递归调用。这是因为步骤(1)和(3)与从 a 移动 n 个圆盘到 c 是同一问题。

需要注意的是,代码第 9～11 行是递归终止的条件,如果没有这三行代码,那么函数将会一直递归调用下去。递归函数必须有一个中止条件。

移动 4 个圆盘时,程序的输出结果如下。

```
move 1: A -> B
move 2: A -> C
move 1: B -> C
move 3: A -> B
move 1: C -> A
move 2: C -> B
move 1: A -> B
```

```
move 4: A -> C
move 1: B -> C
move 2: B -> A
move 1: C -> A
move 3: B -> C
move 1: A -> B
move 2: A -> C
move 1: B -> C
```

【例 8-6】 使用递归方法计算 $n!$。

分析：在数学中，$n!$ 定义如下。

$$n! = \begin{cases} 1 & (n=1) \\ n \times (n-1)! & (n>1) \end{cases}$$

递归可以分为递推和回归两个过程。下面以求 $5!$ 为例说明这两个过程。

（1）递推过程如下。

$5! = 4! \times 5$

$4! = 3! \times 4$

$3! = 2! \times 3$

$2! = 1! \times 2$

$1! = 1$

（2）回归过程如下。

$2! = 1 \times 2 = 2$

$3! = 2 \times 3 = 6$

$4! = 6 \times 4 = 24$

$5! = 24 \times 5 = 120$

递推阶段进行问题分解，将复杂问题分解为性质相同、规模较小的简单问题，简单问题可做同样的分解，直到分解后的问题可直接求解为止。回归阶段是根据已得到的简单问题的解一步一步地返回，直到得到原问题的解。程序的实现代码如程序清单 8-7 所示。

程序清单 8-7

```
1    #include <stdio.h>
2    int fac(int);
3
4    void main( ) {
5        int n;
6
7        printf("请输入一个整数 n(n<=10):");
8        scanf("%d", &n);
9        printf("n! = %d\n", fac(n));
10   }
11
12   int fac(int n){
13       if(n == 1){
14           return 1;
```

```
15            }
16            return fac(n-1)*n;
17    }
```

代码第 12~17 行给出了 fac() 函数的递归实现。以 n=5 为例,程序执行时函数调用过程如下。

```
main()函数调用 fac(5)
 fac(5)的实参为 5,5>1,所以 fac(5)调用 fac(4)
   fac(4)的实参为 4,4>1,所以 fac(4)调用 fac(3)
     fac(3)的实参为 3,3>1,所以 fac(3)调用 fac(2)
      fac(2)的实参为 2,2>1,所以 fac(2)调用 fac(1)
        fac(1)的实参为 1,1=1,所以 fac(1)返回结果 1 到 fac(2)
      fac(2)计算 fac(1)*2=1*2=2,然后返回结果 2 到 fac(3)
     fac(3)计算 fac(2)*3=2*3=6,然后返回结果 6 到 fac(4)
   fac(4)计算 fac(3)*4=6*4=24,然后返回结果 24 到 fac(5)
 fac(5)计算 fac(4)*5=24*5=120,然后返回结果 120 到 main()函数
```

因此最后 main() 函数输出 120。

在调用 fac(1)之前,已经存在 fac() 函数的 4 次调用,它们都因等待被调函数返回结果而暂停,fac(1)没有产生新的函数调用,fac() 函数的 5 次调用将按调用关系依次返回。

8.4 数组和指针作函数参数

8.4.1 一维数组作函数参数

1. 参数为一维数组的函数的定义和调用

在很多场景下,可能需要定义一个函数对数组中的数据进行处理,比如排序。求平均值等,此时需要传递数组型实参给函数。相应地,函数的形参应设定为能接收数组型实参的类型。与数组的声明不同,数组类型的形参变量声明时只需在变量名后加一对空的中括号即可,不需要指定数组的长度。例如:

```
void sort(int arr[]);
```

调用 sort() 函数时,实参为数组名。具体的定义和使用方法如例 8-7 所示。

【例 8-7】 定义 sort() 函数,实现对一维数组按降序排序,见程序清单 8-8。

程序清单 8-8

```
1    #include <stdio.h>
2    #define N 10
3    void sort(int [], int len);
4    void printArray(int [], int len);
5    int main(){
6        int i, arr[N] = {13, 7, 15, 8, 21, 90, 20, 3, 65, 17};
```

```
 7
 8        printf("排序前:");
 9        printArray(arr, N);
10        sort(arr, N);
11        printf("排序后:");
12        printArray(arr, N);
13
14        return 0;
15   }
16
17   void sort(int a[], int len){
18        int i, j, temp;
19
20        for(i = 1; i < len; i++){
21            for(j = 0; j < len - i; j++){
22                if(a[j] < a[j+1]){
23                    temp = a[j];
24                    a[j] = a[j+1];
25                    a[j+1] = temp;
26                }
27            }
28        }
29   }
30
31   void printArray(int a[], int len){
32        int i;
33
34        for(i = 0; i < len; i++){
35            printf("%4d", a[i]);
36        }
37        printf("\n");
38   }
```

程序运行结果如下。

```
排序前: 13 7 15 8 21 90 20 3 65 17
排序后: 90 65 21 20 17 15 13 8 7 3
```

程序清单 8-8 中定义了两个函数：sort()和 printArray()。前者负责对数组进行排序；后者负责以格式化的方式输出数组。两个函数的形参列表中都包含一个数组类型的形参。代码第 9 行和第 11 行均是调用 printArray()函数在屏幕上输出数组的信息。代码第 10 行调用 sort()函数对数组进行了排序。

2. 数组型实参的参数传递

本章 8.2.2 小节中提到,在函数中对形参的改变不影响实参的值,那么 sort()函数对形参变量(即数组 a)的改变(排序)为什么影响到了实参(即 main()函数中的数组 arr)的值？

这是因为数组型实参进行参数传递时传递的并不是数组的内容,而是数组的首地址。可以想象,假定数组的长度为 1000,如果在进行参数传递时把数组的所有内容都传递给形参,那么势必会影响程序执行的效率。C 语言中采用的方法是,将数组的首地址传送给形参变量。因此,在程序清单 8-8 中,sort()函数中操作的数组 a 和 main()函数的数组 arr 尽管名字不同,但 a 和 arr 的值都是 main()函数中数组 arr 的首地址。由

$$a[i] \Leftrightarrow *(a+i) \Leftrightarrow *(arr+i) \Leftrightarrow arr[i]$$

得,a[i]和 arr[i]其实是同一个元素,或者可以认为 a[i]是 arr[j]的别名。这种传递地址的参数传递方式称为地址传递。

由于数组型实参只传递数组的首地址,因此函数无法通过数组型实参获取数组长度信息。通常需要在函数的形参列表中添加一个形参专门接收数组的长度,如程序清单第 17 行,sort()函数首部中的形参变量 len,以及代码第 31 行中 printArray()函数首部的形参变量 len。

对于如下程序段:

```
void testArray(int a[]){
    printf("sizeof(a) = %d\n", sizeof(a));
}
```

当调用该函数时,该程序的输出结果与 sizeof(int *)的结果相等(在 32 位地址系统中为 4,在 64 位地址系统为 8)。这再次验证了当数组名作为函数参数时,实际传递的是地址。基于上述结论,可以将数组型形参的类型声明为指针类型。例如:

```
void sort(int *pArr, int N);
```

这一定义方式与以下形式是可以相互替换的。

```
void sort(int a[], int N)
```

8.4.2　二维数组作函数参数

如果函数接受的参数为二维数组类型,其函数的形参列表定义与一维数组不同,形参名第一维的长度不需指定,但第二维的长度必须指定。例如:

```
void printMatrix(int m[][3], int row);
```

上面的函数原型定义了函数 printMatrix()的形参 m 是一个列宽为 3 的二维数组。同一维数组作为函数参数类似,二维数组型参数进行传递时也是传递的数组的首地址,因此通常也需要在函数的形参中声明二维数组的行数。参数为二维数组型的函数的定义与使用方法如例 8-8 所示。

【例 8-8】　编写函数求一个二维数组中的最大值,见程序清单 8-9。

程序清单 8-9

```
1    #include <stdio.h>
2    #define R 4
3    #define C 4
4    int max(int [][C], int row);
5    void printMatrix(int [][C], int row);
```

```
6
7    int main(){
8        int matrix[R][C] = {{1, 13, 45, 68},
9                            {32, 23, 55, 9},
10                           {24, 87, 32, 2},
11                           {65, 78, 37, 3}};
12       int i,j;
13
14       printf("矩阵:\n");
15       printMatrix(matrix, R);
16       printf("中的最大值为%d\n", max(matrix, R));
17   }
18
19   void printMatrix(int m[][C], int row){
20       int i, j;
21
22       for(i = 0; i < row; i++){
23           for(j = 0; j < C; j++){
24               printf("%5d", m[i][j]);
25           }
26           printf("\n");
27       }
28   }
29
30   int max(int m[][C], int row){
31       int i, j, max = m[0][0];
32
33       for(i = 0; i < row; i++){
34           for(j = 0; j < C; j++){
35               if(m[i][j] > max){
36                   max = m[i][j];
37               }
38           }
39       }
40
41       return max;
42   }
```

程序的运行结果如下。

```
矩阵:
    1  13  45  68
   32  23  55   9
   24  87  32   2
   65  78  37   3
中的最大值为 87.
```

代码第 4 行和第 5 行为函数声明语句。从中可以看出,二维数组作为函数参数时,函数声明语句可以省略参数的名字,但两个中括号以及第二个中括号中的列宽不能省略。

可以将函数中的形参的类型声明为二维数组指针类型。例如：

```
int max(int (*m)[3], int row);
```

该声明方式与下面的形式可以相互替换。

```
int max(int m[][3], int row);
```

因为在参数传递时，二者传递的都是数组的首地址。而且在函数内部中，m 是以指针的形式进行操作的。读者可以自行在函数中输出表达式 sizeof(m)的值进行验证。

8.4.3 指针作函数参数

从 8.4.1 小节和 8.4.2 小节可以看出，所谓数组作为函数，本质上传递的还是地址，函数内部也是以指针的形式进行操作的，因此数组型形参可以用指针形参替换。除了用于传递数组参数之外，指针形参还有其他用途。

【例 8-9】 编写函数交换两个实参变量的值。

程序清单 8-4 中 swap()函数的定义如下。

```
void swap(int num1, int num2){
    int temp = num1;
    num1 = num2;
    num2 = temp;
}
```

该函数可以交换两个形参的值，但对于形参的改变不会对实参产生影响，也就是说在 swap()函数内部无法操作实参变量。将形参声明为指针类型可以解决这个问题，如程序清单 8-10 所示。

程序清单 8-10

```
1    #include <stdio.h>
2    void swap(int *, int *);
3
4    int main(){
5        int var1 = 10, var2 = 20;
6
7        printf("交换前: var1 = %d, var2 = %d.\n", var1, var2);
8        swap(&var1, &var2);
9        printf("交换后: var1 = %d, var2 = %d.\n", var1, var2);
10
11       return 0;
12   }
13
14   void swap(int *pVar1, int *pVar2){
15       int temp = *pVar1;
16       *pVar1 = *pVar2;
17       *pVar2 = temp;
18   }
```

代码第 2 行为 swap() 函数的声明语句,函数的两个形参为指向 int 类型的指针,也就是说函数接收的是地址。因此,在代码第 8 行中,当 main() 方法调用 swap() 函数时实参是变量为 var1 和 var2 的地址。参数传递后,swap() 函数中的形参 pVar1 指向 var1,形参 pVar2 指向 var2,* pVar1 和 * pVar2 分别为 var1 和 var2 的值。因此,代码第 14~18 行实际交换的是 swap() 函数外的 var1 和 var2 的值。程序的运行结果如下。

交换前:var1 = 10, var2 = 20.
交换后:var1 = 20, var2 = 10.

基于可以在函数内部通过指针形参操作函数外部的数据这一特性,指针形参还可以处理一个函数有多个返回值的问题,如例 8-10 所示。

【例 8-10】 输入 10 个学生的成绩,编写函数求最低分、最高分以及平均分。

分析:C 语言中,函数通过 return 语句只能返回一个数据,如果想同时返回多个数据,可以考虑通过指针形参直接将函数要返回的结果放在函数外部的变量中,如程序清单 8-11 所示。

程序清单 8-11

```
1   #include <stdio.h>
2   #define N 10
3   float processScore(float[], int, float *, float *);
4
5   int main(){
6       float scores[N], max, min, average;
7       int i;
8
9       printf("请输入%d个学生的成绩:", N);
10      for(i = 0; i < N; i++){
11          scanf("%f", &scores[i]);
12      }
13
14      average = processScore(scores, N, &max, &min);
15      printf("最高分:%.1f, 最低分:%.1f, 平均分:%.1f\n",
16              max, min, average);
17
18      return 0;
19  }
20
21  float processScore(float a[], int len, float *pMax, float *pMin){
22      int i;
23      float sum = 0.0;
24
25      *pMax = a[0];
26      *pMin = a[0];
27      for(i = 0; i < len; i++){
```

```
28              sum += a[i];
29              if(a[i] < *pMin){
30                      *pMin = a[i];
31              }
32              if(a[i] > *pMax){
33                      *pMax = a[i];
34              }
35      }
36
37      return sum/len;
38  }
```

程序运行结果如下。

请输入 10 个学生的成绩:60 68 95 74 32 100 48 77 82 76
最高分:100.0, 最低分:32.0, 平均分:71.2.

8.4.4　使用 const 关键字保护数据

当实参为数组名或指针变量时,在函数内部可以通过数组名或指针变量访问函数外部的数据,这种传递地址的方式提高了函数执行的效率,但也带来了一定的安全隐患。如果不希望在函数体中修改数组的内容,或通过指针变量修改其指向的函数外部的数据,可以在形参类型前加 const 关键字限制。例如:

```
void printArray(const int arr[], int n);
void sumArray(const int *p, int n);
```

此时在函数内部如果试图通过 arr 修改数组的内容,或通过 * p 运算修改 p 指向的变量的内容,编译器会报错。

8.4.5　指向函数的指针和返回指针的函数

指针变量不仅可以指向变量、字符串、数组,也可以指向一个函数。实际上,每一个函数都要占用一定的内存空间,都有一个入口地址,通过这个入口地址就可以访问这个函数,指向函数的指针变量存放的就是这个入口地址。

指向函数的指针变量定义的一般形式如下。

数据类型 (*指针变量名)(函数参数列表);

不难看出,与指向变量的指针类似,指向函数的指针也只能指向某一类型的函数。这一类型的函数的返回值类型,与形参列表的个数和类型都相同。

通过指向函数的指针调用函数的一般形式如下。

(*指针变量名)(函数参数列表);

程序清单 8-12 演示了指向函数的指针的使用方法。

程序清单 8-12

```
1    #include <stdio.h>
2    int factorial(int n){
3        int i, res = 1;
4        if(n < 3) {
5            return n;
6        }
7        for(i = 2; i <= n; i++){
8            res *= i;
9        }
10       return res;
11   }
12   int main() {
13       int (*p)(int);
14       p=factorial;
15       printf("5's factorial is %d\n", (*p)(5));
16       return 0;
17   }
```

其中,代码第 13 行定义了指向函数的指针变量,它只能指向只有一个形参、形参类型为 int、返回值类型为 int 的函数;代码第 14 行将 factorial()函数的入口地址赋值给 p,即让 p 指向 factorial()函数;代码第 15 行则通过函数指针 p 调用 factorial()函数。

有必要对代码第 14 行"p=factorial;"的这一赋值语句进行解释。在 C 语言中,就像数组名表示指向数组首元素的指针一样,函数名表示指向函数的指针,所以通过这个语句,就把 factorial 函数的入口地址赋值给指针变量 p。注意在这个赋值语句中,factorial 后面是没有小括号的。当函数名后面有小括号时,表示函数调用,而在该语句中并没有调用函数 factorial,只是把函数的地址赋值给 p。

既然函数名本身也表示指向函数的指针,那么使用函数名调用函数可以采用如下形式。

```
(*factorial)(5);
```

然而,在前面的章节中,调用函数一直采用下面的形式。

```
factorial(5);
```

实际上,这两种方式在 C 语言中都是允许的。

同样地,通过指针变量 p 调用函数 factorial()也可以采用下面的形式。

```
p(5);
```

8.5 局部变量与全局变量

8.5.1 局部变量

程序块即复合语句,它使用大括号把许多语句和声明组合到一起,作为一条语句使用,如函数体,包含多条循环语句的循环体等都是程序块。程序块可以嵌套,即一个程序块内可以包含其他程序块,如在函数体中可以包含一个循环程序块。

在程序块内定义的变量称为函数的局部变量(Local Variable)。在 max()函数中,变量 maxValue 是局部变量。

```
float max(float num1, float num2)
{
    float maxValue;
    if(num1 > num2){
        maxValue = num1;
    }else{
        maxValue = num2;
    }
    return maxValue;
}
```

ANSI C 规定只能在程序块的开头声明变量;C99 标准则取消了这一限制,允许在程序块的任何位置声明一个变量。默认情况下,局部变量具有以下两个特性。

(1) 自动存储期限。变量的存储期限(也称为变量的生存期)指的是程序执行过程中变量存在的时间。函数的局部变量具有自动存储期限,调用该函数时,系统自动分配局部变量的存储空间,函数执行结束返回时,系统自动回收局部变量的存储空间。所以局部变量只在函数执行期间是存在的,当再次调用该函数时,将重新给其分配存储空间,因此,在两次函数调用之间,局部变量不能保留原来的值。

(2) 程序块作用域。变量的作用域(Scope,也称为变量的可见范围)指的是可以通过变量名直接访问变量的程序代码范围。局部变量的作用域仅限于函数内,准确地说是从变量的定义开始一直到函数体的结束。在其他函数中无法通过变量名直接访问该变量。既然局部变量的作用域无法扩展到其所属的函数之外,那么可以在其他函数中定义同名的变量。

函数的形式参数也是局部变量,形式参数和一般局部变量的区别是:在调用函数时,将利用实参的值对形参进行初始化。

准确地说,在程序块中定义的变量都属于局部变量。程序进入程序块时为这些变量分配存储空间,在退出程序块时回收这些变量的存储空间。程序块中的变量的作用域限定在定义该变量的程序块内。

8.5.2　全局变量

定义在函数之外的变量称为全局变量(Global Variable)或外部变量(External Variable),如以下代码块中,count 变量即是一个全局变量。

```
int count = 0;
int invoke(){
    count++;
    ...
}
```

外部变量具有以下两个与局部变量不同的特性。

（1）静态存储期限。在程序执行过程中，外部变量始终具有固定的存储空间，所以可以永久保留变量的值。

（2）文件作用域。外部变量的作用域是从变量的定义开始一直到程序文件的结束。所以，在外部变量定义之后的所有函数都可以通过变量名访问它。

由于外部变量可以被多个函数共享，因此多个函数可以利用外部变量进行数据交换。这是外部变量的一个主要用途，如程序清单 8-13 所示。

程序清单 8-13

```
1    #include <stdio.h>
2    #define N 10
3    float scores[N];
4    float max();
5    float average();
6
7    int main(){
8        int i;
9        printf("请输入%d个学生的成绩:", N);
10       for(i = 0; i < N; i++){
11           scanf("%f", &scores[i]);
12       }
13
14       printf("最高分为：%.1f.\n", max());
15       printf("平均分为：%.1f.\n", average());
16
17       return 0;
18   }
19   /*求最高分数 */
20   float max(){
21       int i;
22       float maxValue = scores[0];
23
24       for(i = 1; i < N; i++){
25           if(scores[i] > maxValue){
26               maxValue = scores[i];
27           }
28       }
29
30       return maxValue;
31   }
32   /*求平均分 */
33   float average(){
34       int i;
35       float sum = 0.0f;
36
37       for(i = 0; i < N; i++){
38           sum += scores[i];
39       }
40
```

```
41        return sum/N;
42    }
```

程序清单 8-13 实现了录入 10 个学生的成绩,并输出最高分和平均分的功能。与之前的函数定义不同的是,在函数 max()和 average()中访问了数组 scores,但函数中并没有定义 scores 数组,函数的形参列表中也没有定义 scores 这个参数。这是因为代码第 3 行已经给出了 scores 声明,该声明语句在函数的外部,所以 scores 是一个全局变量,其作用域从它声明开始一直到文件结束。因此,max()和 average()函数中都可以直接访问 scores 数组。

尽管全局变量可以实现不同函数间的数据共享,但应该尽量减少外部变量的使用。函数之间应该通过参数和返回值实现数据交换,这主要有三个方面的原因。

(1) 如果修改了外部变量的定义(变量类型、变量名、初始值等),则要检查修改所有使用该变量的函数。

(2) 一个函数对外部变量值的修改可能会影响其他函数,并且不易查找因外部变量引起的程序错误。

(3) 破坏了函数的独立性,当将一个函数应用到另一程序时,必须带上该函数用到的外部变量。

8.5.3 作用域规则

既然局部变量具有程序块作用域,外部变量具有文件作用域,那么当外部变量和局部变量同名时就需要应用作用域规则来确定变量的含义。

作用域规则是当外部变量与局部变量同名时,在局部变量的作用域内,外部变量将不起作用,也就是局部变量会屏蔽外部变量。

【例 8-11】 分析程序清单 8-14 的运行结果。

程序清单 8-14

```
1    #include <stdio.h>
2    int  k = 3;      /*第 1 次定义*/
3    void func( ) {
4        int  k = 7; /*第 2 次定义*/
5
6        printf("k = %d\n", k);
7    }
8
9    int main( ) {
10       func( );
11       printf("k = %d\n", k);
12
13       return 0;
14   }
```

分析:程序清单 8-14 中,代码第 2 行和第 4 行都定义了一个名为 k 的整型变量,不同的是,代码第 2 行的 k 变量定义在函数之外,因此是一个全局变量,其作用域为代码第 3 行到文件末尾。代码第 4 行的变量 k 定义在 func()函数内部,因此是一个局域变量,其作用域为代码第 4 行到第 7 行。需要注意的是,局部变量 k 的作用域内,外部变量 k 会被屏蔽。因此代码第 6 行输出的是局部变量 k 的值,即 k=7。当程序执行到代码第 11 行时,在此位置只有外部变量 k 可见,因此输出的是全局变量 k 的值,即 k=3。因此程序的输出结果如下。

```
k = 7
k = 3
```

8.6　变量的存储类别

C 提供了不同的存储类别(Storage Class)在内存中存储数据。在理解存储类别的概念之前,先来了解关于变量的三个属性。

(1) 存储期限(Storage Duration)。前面已经提到,变量的存储期限分为动态存储期限和静态存储期限两种。

(2) 作用域(Scope)。前面也已经提到,变量的作用域分为程序块作用域和文件作用域两种。

(3) 链接(Link)。变量的链接性质说明了变量可以被共享的范围。变量的链接分为外部链接、内部链接和无链接三种。具有外部链接的变量可以被程序的多个源文件共享使用;具有内部链接的变量只能被当前源文件中的多个函数共享使用;无链接的变量只能在一个函数或程序块内使用。

定义变量时,如果省略了存储类别标识符,将根据变量定义的位置来确定这三种性质。

(1) 局部变量具有动态存储期限、程序块作用域、无链接。

(2) 外部变量具有静态存储期限、文件作用域、外部链接。

如果需要,可以在声明变量时指定变量的存储类别,来改变这三种性质,其一般形式如下。

[存储类别标识符] 类型说明符 变量名列表;

其中,存储类别标识符一共有 4 种:auto、register、static、extern。在变量定义时,最多只能出现一个存储类别标识符。

下面是一些变量定义的例子。

```
auto int i;
static float f,g;
```

8.6.1　auto

auto 存储类别只能用于局部变量的定义。定义局部变量时,如果没有特别指明它的存储类别,则该变量的存储类别就是 auto,所用 auto 关键字是可以省略的。例如,变量声明语句。

```
auto int a;
```

与

```
int a;
```

是等价的。

8.6.2 register

register 存储类别只能用于局部变量的定义。register 存储类别的变量和 auto 存储类别的变量具有一样的动态存储期限、程序块作用域、无链接。

指定变量具有 register 存储类别的目的是要求编译器将变量存放在寄存器(寄存器是 CPU 的内部存储单元)中,而不是存放在内存中。由于 CPU 访问寄存器的速度高于访问内存的速度,将一些频繁使用的变量放到寄存器中,可以提高程序执行的效率。例如,可以将循环结构中的循环变量定义为 register 存储类别。

```
int sum (int n)
{
    register int i;
    int sum = 0;
    for (i = 0;i<n; i + + )
        sum + = i;
    return sum;
}
```

register 存储类别目前已经很少使用了,因为现在的编译器可以自动识别频繁使用的变量,并将它们放到寄存器中,即使将变量定义为 register 存储类别,它是否能存放到寄存器中也通常由编译器来决定。

8.6.3 static

static 关键字既可以用于局部变量的定义,也可以用于外部变量的定义,但两者的含义有所不同。

1. static 用于局部变量

将局部变量定义为 static 存储类别,会使得变量的存储期限由动态存储期限变成静态存储期限,同时变量仍具有程序块作用域和无链接的性质。

对于 auto 类别的局部变量,在进入程序块时,分配存储空间,离开程序块时,回收存储空间;而 static 类别的局部变量会在程序运行期间一直占用固定的存储空间,变量值可以持久保存。

static 类别的局部变量只在程序开始执行前进行一次初始化(如果没有提供初始值,编译器会将其自动初始化为 0),而 auto 类别的局部变量在每次进入程序块时,都要重新分配存储空间,重新进行初始化(如果没有提供初始值,其值是不确定的)。

【例 8-12】 写出程序清单 8-15 的运行结果。

程序清单 8-15

```
1    #include <stdio.h>
2    void func();
3
4    int main(){
5        int i;
6        for(i = 1; i <= 3; i++){
7            printf("%d\n", func());
8        }
9    }
10
11   void func(){
12       int x = 0;
13       static int t = 0;
14       x++;
15       t++;
16
17       return (x + t);
18   }
```

程序的运行结果如下。

```
2
3
4
```

可以看出,main()函数连续 3 次调用 fun()函数,返回值均不一样。下面分析一下程序执行过程。

(1)程序开始执行前,给 static 类别的局部变量 t 分配存储空间,并将其初始化为 0。

(2)第一次调用 fun()函数,此时给 auto 类别的局部变量 x 分配存储空间,并将其初始化为 0,fun()函数执行结束后,返回值为 2,变量 x 的存储空间被回收,其值丢失。变量 t 的存储空间不被回收,其值保留。

(3)第二次调用 fun()函数,此时重新给变量 x 分配存储空间,并将其初始化为 0,变量 t 维持上次函数调用结束时的值。fun()函数执行结束后,返回值为 3,变量 x 的存储空间被回收,其值丢失。变量 t 的存储空间不被回收,其值保留。

(4)第三次调用 fun()函数,情况与第二次调用类似。

有时候,利用 static 存储类别,可以避免每次调用函数都要进行空间分配、回收和初始化,从而提高程序的执行效率。

2. static 用于外部变量

将外部变量定义为 static 存储类别,会使变量具有内部链接的性质,同时变量仍具有静态存储期限和文件作用域的性质。

static 类别的外部变量只能被其所在源文件内的函数使用,而不能被其他程序文件中的函数使用。

因此,只要指定为 static 存储类别,就可以在程序的多个文件中定义同名的外部变量,这些外部变量代表不同的变量,它们相互独立,互不影响。对于那些没有指定为 static 存储类别的外部变量,在一个程序中(即使该程序由多个文件组成)只能定义一次。

8.6.4　extern

extern 存储类别用于对已定义的外部变量进行声明,以便在多个源文件中共享同一个外部变量。在这里,要把变量的定义和声明区分开(在其他地方,变量的定义和声明可以表示同样的含义)。在一个程序中,一个外部变量只能定义一次。例如:

```
int g_val = 1;
```

定义了一个外部变量 g_val,编译器会给变量 g_val 分配存储空间,并将其初始化为 1。

可以出现多次对该变量的声明。例如:

```
extern int g_val;
```

对外部变量 g_val 进行声明,目的是告诉编译器这里用到在其他地方(可能在同一文件中稍后的地方,也可能在其他文件中)定义的外部变量 g_val,类型为 int,但编译器不会再次给变量 g_val 分配存储空间。需要注意的是,对外部变量的多次声明应该与它的定义保持一致。

利用 extern 对外部变量进行声明,使得可以在外部变量作用域之外的地方使用它。常见的情况是,需要访问在另外一个源文件中定义的外部变量。这同样是通过对外部变量进行声明来实现。

8.7　本 章 小 结

函数是完成特定任务的独立的程序代码单元,也是构成程序的基本单位。通过定义函数将复杂问题分解成相对简单的子问题,并提高减少代码的重复率,进而提高程序的可维护性。

如果函数在被调用时没有声明或定义,那么编译器有可能会报错。使用函数声明语句可以解决这个问题。函数的声明语句又称为函数的原型,使程序可以在定义前使用。

递归调用即函数调用它本身。递归思想通常是一种自顶向下的设计方法。递归可以分为递推和回归两个过程。递推阶段进行问题分解,将复杂问题分解为性质相同、规模较小的简单问题,简单问题可做同样的分解直到分解后的问题可直接求解。回归阶段是根据已得到的简单问题的解一步一步返回,直到得到原问题的解。

数组和指针作为函数参数时,实参和形参之间传的是地址,因此这种传递也称作地址传递。由于此时在函数内部通常采用间接访问的方式访问函数外的数据,因此在函数内部可以修改函数外的数据(如实参)。

在程序块中定义的变量都属于局部变量。程序进入程序块时为这些变量分配存储空间,在退出程序块时回收这些变量的存储空间。程序块中的变量的作用域限定在定义该变量的程序块内。定义在函数外的变量称为全局变量。由于外部变量可以被多个函数所共享,因此多个函数可以利用外部变量进行数据交换。

练 习 题

一、选择题

1. 以下说法正确的是(　　)。

    A. 一个 C 语言源文件(.c 文件)必须包含 main()函数

    B. 一个 C 语言源文件(.c 文件)可以包含两个以上 main()函数

    C. C 语言头文件(.h 文件)和源文件(.c 文件)都可以进行编译

    D. 在一个可以正确执行的 C 语言程序中,一个 C 语言函数的声明(原型)可以出现任意多次

2. 对于以下递归函数 f(),调用 f(4),其返回值为(　　)。

```
int f(int n) {
    if (n){
        return f(n - 1) + n;
    }else{
        return n;
    }
}
```

    A. 10   B. 4   C. 0   D. 以上均不是

3. 在一个被调函数中,关于 return 语句使用的描述,错误的是(　　)。

    A. 被调函数中可以不用 return 语句

    B. 被调函数中可以使用多个 return 语句

    C. 被调函数中,如果有返回值,就一定要有 return 语句

    D. 被调函数中,一个 return 语句可以返回多个值给调用函数

4. 对于 C 语言的函数,下列叙述中正确的是(　　)。

    A. 函数的定义不能嵌套,但函数调用可以嵌套

    B. 函数的定义可以嵌套,但函数调用不能嵌套

    C. 函数的定义和调用都不能嵌套

    D. 函数的定义和调用都可以嵌套

5. 以下函数声明形式正确的是(　　)。

    A. double fun(int x, int y)   B. double fun(int x; int y)

    C. double fun(int x, int y);   D. double fun(int x, y)

6. 以下说法不正确的是(　　)。

    A. 实参可以是常量,变量或表达式

    B. 形参可以是常量,变量或表达式

    C. 实参可以为任意类型

    D. 如果形参和实参的类型不一致,以形参类型为准

7. 以下说法正确的是( )。

    A. C语言程序总是从第一个定义的函数开始执行

    B. 总是从 main()函数开始执行

    C. C语言程序中,要调用的函数必须在 main()中定义

    D. main()函数必须放在程序的最开始部分

8. 下列程序的输出结果是( )。

```c
#include <stdio.h>
void swap(int v, int w) {
  int t;
  t = v; v = w; w = t;
}
int main() {
    int x = 1, y = 3, z = 2;
    if (x > y) {
        f(x, y);
    }else if (y > z) {
        f(y, z);
    }else{
        f(x, z);
    }
    printf("%d, %d, %d\n", x, y, z);
    return 0;
}
```

    A. 1,2,3   B. 3,1,2   C. 1,3,2   D. 2,3,1

9. 下列程序的输出结果是( )。

```c
#include <stdio.h>
int fun(int x, int y) {
  static int m = 0, i = 2;
  i += m + 1;
  m = i + x + y;
  return m;
}
int main() {
    int j = 1, m = 1, k;
    k = fun(j, m);
    printf("%d, ", k);
    k = fun(j, m);
    printf("%d\n", k);
    return 0;
}
```

    A. 5,5   B. 5,11   C. 11,11   D. 11,5

10. 下列程序的输出结果是( )。

```c
#include <stdio.h>
int x1 = 30, x2 = 40;
void swap(int x, int y) {
```

```
    x1 = x; x = y; y = x1;
}
int main() {
    int x3 = 10, x4 = 20;
    sub(x3, x4);
    sub(x2, x1);
    printf("%d,%d,%d,%d\n", x3, x4, x1, x2);
    return 0;
}
```

    A. 10,20,40,40   B. 10,20,30,40

    C. 10,20,40,30   D. 20,10,30,40

二、判断题

1. 函数返回值的类型是由在定义函数时所指定的函数类型。（   ）

2. 局部变量如果没有指定初值，则其初值不确定。（   ）

3. 按照 C 语言的规定，实参和形参的命名不得重复。（   ）

4. 定义语句中未赋初值的 auto 变量和 static 变量的初值都是随机值。（   ）

5. 如果函数定义出现在函数调用之前，可以不必加函数原型声明。（   ）

6. C 语言程序中可以有多个函数，但只能有一个主函数。（   ）

7. 实参向形参进行数值传递时，数值传递的方向是单向的，即形参变量值的改变不影响实参变量的值。（   ）

8. 在不返回结果的函数定义中，如果函数类型被省略，则函数类型默认定义为 void。（   ）

9. 函数形参的存储单元是动态分配的。（   ）

三、编程题

1. 编写函数，判断某一个四位数是不是玫瑰花数（所谓玫瑰花数即该四位数各位数字的四次方和恰好等于该数本身，如 $1634 = 1^4 + 6^4 + 3^4 + 4^4$）。在主函数中用键盘任意输入一个四位数，调用该函数，判断该数是否为玫瑰花数，若是则输出 yes，否则输出 no。

2. 编写函数，统计任一整数中其个位数出现的次数。例如，-21252 中，2 出现了 3 次，则该函数应该返回 3。

3. 编写函数，根据整型形参 n 的值，计算如下公式的值：

$$1 - 1/2 + 1/3 - 1/4 + 1/5 - 1/6 + 1/7 + \cdots + 1/n$$

4. 定义一个函数 int fun(int a, int b, int c)，它的功能是：若 a、b、c 能构成等边三角形函数返回 3，若能构成等腰三角形函数返回 2，若能构成一般三角形函数返回 1，若不能构成三角形函数返回 0。

5. 编写函数 fun(int n)，它的功能是：计算正整数 n 的所有因子（1 和 n 除外）之和作为函数值返回。例如，n=120 时，函数值为 239。

6. 编写函数 void trans(int m, int k) 将十进制正整数 m 转换成 k 进制并输出（m 和 k 从键盘输入）。

例如，若输入 8 和 2，则应输出 1000（即十进制数 8 转换成二进制表示是 1000）。

7. 编写函数 float fun(int n)，其功能是返回 n（包括 n）以内能被 5 或 9 整除的所有自然数的倒数之和。例如,n=20,返回0.583333。(注意:要求n的值不大于100。)

8. 编写函数,将三个数按由小到大的顺序排列并输出。在main()函数中输入三个数,调用该函数完成这三个数的排序。

9. 编写函数fun(int * a, int n, int * odd, int * even),其功能是分别求出数组中所有奇数之和以及所有偶数之和。形参n给出数组a中数据的个数;利用指针odd返回奇数之和,利用指针even返回偶数之和。

例如,数组中的值依次为1、9、2、3、11、6,利用指针odd返回奇数之和24;利用指针even返回偶数之和8。

10. 编写函数int fun(int m,int score[],int below[]),其功能是将低于平均分的人数作为函数值返回,并将低于平均分的成绩放在below数组中(m表示score的长度,score表示成绩)。例如,当score数组中的数据为10、20、30、40、50、60、70、80、90时函数返回4,below中的数据为10、20、30、40。

第 9 章 字符串

字符串是 C 语言中常用的数据类型之一。字符串数据包括字符串常量和字符串变量。C 语言并没有定义字符串类型,字符串通常采用字符数组的形式进行表示和存储。本章 9.1 节介绍字符串常量的概念;9.2 节介绍字符串变量的定义及其与字符数组的区别;9.3 节讨论字符串读取的几种方式,并比较了它们的优缺点;9.4 节讨论 C 标准库中常用的字符串处理函数;9.5 节讨论字符串数组的表示方法;9.6 节对本章的内容进行总结。

9.1 字符串常量

在 C 语言中,字符串常量是用一对双引号引起来的字符序列,如"Hello,world!"。双引号之间的字符序列就是字符串常量的内容,双引号本身仅起到标识一个字符串的作用,并不是字符串的组成元素。

字符串常量的字符序列可以包括转义字符,例如:

```
printf("\"Hello,world!\ "");
```

语句将输出"Hello,world!"。这是由于在 C 语言中双引号(")用作标识字符串常量,要想在字符串内标识双引号,只能通过转义字符进行转义,否则会被视为字符串的开始或结束标志。

ANSI C 标准规定,如果两个字符串常量之间没有间隔,或者用空白符(如空格、换行符等)间隔,编译器会自动将其合并成一个字符串。这条规则允许将一个长的字符串放在多行,例如:

```
printf("C is a general-purpose, imperative computer programming language, "
  "supporting structured programming, lexical variable scope and recursion.");
```

字符串常量在计算机中占用一片连续的存储空间来依次存放。由于字符串的长度不定,C 语言规定在存储和表示字符串时在字符序列后加一个空字符作为结束标志。空字符是 ASCII 码值为 0 的字符,通常用字符转义序列 \0 来表示。例如,字符串常量"Hello,world!"在内存中的存放形式如图 9-1 所示。

| H | e | l | l | o | , | w | o | r | l | d | ! | \0 |

图 9-1 "Hello,world!"在内存中的存储形式

可以通过输出语句

```
printf("%d\n", sizeof("Hello,world!"));
```

验证。上述语句的输出结果为13,即字符序列中的字符数目再加上空字符的个数。

字符串常量属于静态存储类别,这说明如果在函数中使用了字符串常量,该字符串常量会一直存放在内存中,直到程序运行结束才会释放。当该函数被重复调用时,程序会直接使用该字符串常量,不需要再为其分配内存。

C语言将字符串常量视作一个指向字符串在内存中的存储位置的指针(即字符串常量第一个字符所在的内存地址)。因此,程序清单9-1中的操作都是合法的。

程序清单 9-1

```
1    #include <stdio.h>
2    int main(){
3        printf("%p\n", "Hello,world!");
4        printf("sizeof(\"Hello,world!\") = %d\n", sizeof("Hello,world!"));
5        printf("%c\n", "Hello,world!"[0]);
6        printf("%c\n", *"Hello,world!");
7
8        return 0;
9    }
```

程序的运行结果如下。

```
00403024
sizeof("Hello,world!") = 13
H
H
```

代码第3行输出的是字符串"Hello,world!"在内存中的首地址。这类似于数组名。代码第4行输出的是表达式 sizeof("Hello,world!")的值。从输出结果来看,13 正好是字符的个数(12)加 1(空字符)。这说明"Hello,world!"实际上是被视为一个数组名,因此可以像操作数组名一样操作字符串常量。如代码第 5 行是输出"数组"(即字符串常量)的第一个元素,即 H;代码第 6 行则是对"数组名"(即"Hello,world!")进行间接寻址运算,因为数组名的值是第一个元素的地址,即指向的是字符串常量的第一个字符 H,因此输出结果为 H。

既然字符串常量被视为数组名,因此可以将字符串常量赋值给一个指向字符类型的指针变量,例如:

```
char *p = "Hello,world!";
```

相应地,程序清单9-1中的操作可以通过指针变量来进行操作,如程序清单9-2所示。

程序清单 9-2

```
1    #include <stdio.h>
2    int main(){
3        char *p = "Hello,world!";
4
5        printf("%p\n", p);
6        printf("sizeof(p) = %d\n", sizeof(p));
```

```
7           printf("%c\n", *p);
8           printf("%c\n", p[0]);
9
10           return 0;
11   }
```

程序的运行结果如下。

```
00403024
sizeof(p) = 4
H
H
```

程序清单 9-2 中,代码第 6 行输出的是表达式 sizeof(p)的值,输出结果为指针变量的大小。这是指向字符串常量的字符型指针与字符串常量的区别。事实上,通过字符指针操作字符串是 C 程序中常用的方法。

需要注意的是,尽管可以通过下标运算访问字符串常量中的某个字符,但是,由于常量的值是不能修改的,因此下面的语句是非法的,可能会在运行时导致不可预知的后果。

```
"Hello,world!"[2] = 'a';
*p = 'L';
```

9.2   字符串变量

9.2.1   字符串变量的定义与初始化

字符串变量是以空字符结尾的字符数组,因此其声明方式和字符数组相同,例如:

char str[10];

如果 str 存放的字符以\0 结尾,那么 str 可以视为一个字符串变量;否则 str 就是一个普通的字符数组。

需要注意的是,假设需要一个变量来存储最多有 N 个字符的字符串,由于字符串需要以空字符结尾,因此数组的长度应声明为 N+1。

字符串可以在声明的同时进行初始化。例如,可以按照下面的方式声明并初始化一个数组。

char hi[13] = {'H','e','l','l','o',',','w','o','r','l','d','!','\0'};

更常用的初始化方式是直接用字符串常量初始化一维数组,例如:

char hi[13] = "Hello, world!";

这两种方式等价,也是把字符串常量"Hello,world!"中的所有字符(包括最后的空字符)赋值给 hi 数组。需要说明的是,只有在定义并初始化字符数组的时候可以直接将一个字符串赋值给一个字符数组,在普通语句中直接将一个字符串复制给一个数组是错误的。例如:

```
hi = "C Language";              /*错误的操作 */
```

与字符数组的初始化方式相同,如果初始化时指定了所有元素的初值,声明时可以省略数组的长度。例如:

```
char hi[] = "Hello,world!";
```

如果用于初始化的字符串长度较短,不能填满数组,编译器会将剩余元素的值置为空字符\0。例如,在声明

```
char hi[15] = "Hello,world!";
```

后,数组 hi 中内容如图 9-2 所示。

图 9-2 字符数组部分初始化

需要注意的是,在进行初始化时,如果右侧字符串常量的长度(不含空字符)大于或等于数组的长度,如:

```
char str[10] = "Hello,world!";
```

则编译器会依照字符数组的长度进行截取。此时字符数组不是以空字符结尾的,将其按照字符串进行处理时会出现不可预知的结果,C 函数库中的函数假设字符串都是以空字符结尾。

9.2.2 字符串的输出

字符串的输出可以分为三种形式。

(1)直接使用 printf()函数输出字符串常量。例如:

```
printf("This is a C program.\n");
```

(2)使用%s 格式控制符按指定格式输出字符串常量或字符串变量。例如:

```
char str[20] = "To be,or not to be,that is the question.";
printf("%s\n----%s\n",str,"Shakespeare");
```

(3)使用 puts()函数输出字符串常量或变量。例如:

```
puts(str);
puts("Shakespeare");
```

下面详细介绍第(2)、(3)两种形式的使用。

1. 使用 printf()函数格式化输出字符串

printf()函数采用%s 格式修饰符输出字符串常量或字符串变量。程序执行时,printf()函

数将从第一个字符开始,逐个输出字符串的每个字符,直到遇到\0 为止。如果字符数组中没有空字符,printf()函数会越过数组的边界继续读取,直到最终在内存的某个地方找到空字符,如程序清单 9-3 所示。

程序清单 9-3

```
1    #include <stdio.h>
2    #define STR_LEN 10
3    int main(){
4        char str[STR_LEN] = "C Language";
5        printf("str = %s.\n", str);
6        return 0;
7    }
```

程序运行结果如下。

```
str = C Language?@.
```

代码第 4 行在对 str 数组进行初始化时,由于字符串常量"C Language"实际上有 11 个字符(包括一个空字符),而数组的长度为 10,因此只能将字符串常量的前 10 个字符赋值给 str,也就是说 str 并没有以空字符结尾。代码第 5 行执行 printf()函数时,程序将从 str 数组的第一个字符开始,依次输入,由于 str 没有以空字符结束,因此当输出 str 的最后一个字符时,程序还会将其后的下一个字节当成 str 的字符继续输出,直到遇到一个某个字节的值为\0(即空字符)结束输出。

需要注意的是,由于内存中在 str 数组后存储的内容在不同的机器上可能是不同的,因此程序清单 9-3 在不同机器上运行时输出的结果可能不同。

在进行格式化输出时,可以使用格式修饰符,对输出的格式进行限制,字符串格式化输出常用的格式修饰符如表 9-1 所示。

表 9-1　printf()函数中的字符串格式修饰符

格式修饰符	说　　明
(最小域宽)m	若 m 为正整数,当输出字符串宽度小于 m 时,在域内向右靠齐,左边多余为补空格 当输出字符串宽度大于 m 时,按实际宽度全部输出;若 m 有前缀 0,如 08,则左边多余位补 0 若 m 为负整数,在域内向右靠齐,其他与 m 为正整数时相同
(截取字符串).n	用于截取字符串的前 n 个字符,n 必须为大于 0 的正整数 该修饰符一般与最小域宽修饰符一起使用,如%10.3s

格式修饰符的使用如程序清单 9-4 所示。

程序清单 9-4

```
1    #include <stdio.h>
2    #define STR_LEN 10
3    int main(){
```

```
4        char str[STR_LEN] = "Language";
5
6        printf("左对齐:%-10.4s.\n", str);
7        printf("右对齐: %10.4s.\n", str);
8        printf("域宽为 3:%3s\n", str);
9
10       return 0;
11  }
```

程序运行结果如下。

```
左对齐:Lang              .
右对齐:               Lang.
域宽为 3:Language
```

2. 使用 puts()函数输出字符串

除了可以使用 printf()函数输出字符串以外,C 语言函数库还提供了 puts()函数,该函数的原型如下。

```
puts(char *str)
```

该函数只需要一个参数,此参数给出了要输出的字符串。在输出字符串后,puts()函数总会输出一个额外的换行符。因此,语句

```
puts(str);
```

相当于

```
printf("%s\n", str);
```

9.2.3　字符数组与字符指针

比较以下三条语句:

```
char *p = "Hello";
char str[] = "Hello";
char *pStr = str;
```

当使用 puts()函数输出时,三者的输出结构是相同的。但三者有本质的不同,它们在内存中的存储结构如图 9-3 所示。首先,字符串常量"Hello"会被存放在内存的静态存储区,字符指针变量 p 指向了该常量的首地址;字符数组 str 会被存放在内存的栈区,在初始化时,编译器会将字符串常量"Hello"的内容逐个复制到 str 的内存区域;指针变量 pStr 指向的是数组 str 的首地址。因此,通过指针 p 访问的是字符串常量"Hello"所在的内存,因此只能读取字符串的内容,不能通过 p 去修改常量的内容。数组 str 和指向的 pStr 操作的都是字符串变量"Hello"的内存,因此其内容可以修改。

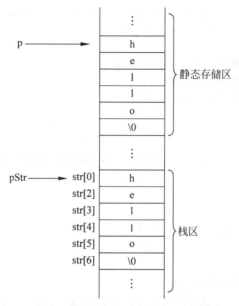

图 9-3 字符数组和字符指针在内存中的存储结构

9.3 字符串的输入

9.3.1 使用 scanf()函数读取字符串

scanf()函数采用格式修饰符%s 读取用户输入的字符串,其基本用法如下。

```
char buf[30];
scanf("%s", buf);
```

由于 buf 是数组名,编译器会将其视为数组的首地址,因此不需要加取地址运算符(&)。使用 scanf()函数时需要注意以下三点。

(1)%s 格式只能读取由非空白符(空白符包括空格、制表符、换行符)构成的字符串,如果遇到空白符则会认为字符串结束,后续字符不会被读取。因此,使用 scanf()函数不能读入包含多个单词的一整行输入。

(2)scanf()函数会自动在读取结束后向 buf 数组写入空字符。

(3)在读取用户输入的字符串时,scanf()函数无法检测数组什么时候被填满,因此在存储字符时可能会越过字符数组的边界,进而导致未定义的行为,如程序清单 9-5 所示。

程序清单 9-5

```
1    #include <stdio.h>
2    #define STR_LEN 4
3    int main(){
4        int a = 10;
```

```
5        char line[STR_LEN+1];
6
7        printf("变量 a 的地址为:%p, 数组 line 的地址为:%p\n", &a, line);
8        scanf("%s", line);
9        printf("line = %s, a= %d\n", line, a);
10
11       return 0;
12   }
```

程序与用户的交互示例如下。

变量 a 的地址为:0061ff2c, 数组 line 的地址为:0061ff27
请输入一个字符串:language↙
line = language, a= 6645601

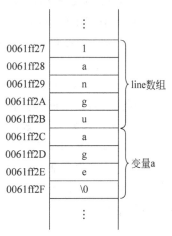

由程序结果可以看出,尽管 line 的输出结果正确,但变量 a 在没有任何语句修改其值的情况下,其值变成了 6645601。这是因为用户输入的字符串的长度为 8 个字符,超过了 line 数组的长度,但 scanf() 函数无法检测数组是否被填满,因此会将读入的字符继续依次存入 line 数组后的变量 a 的内存,如图 9-4 所示。

可以在 scanf() 函数的格式字符串中使用 %ns 避免数组越界的问题,n 表示最多读取 n 个字符到字符数组。例如。

```
scanf("%4s", line);
```

该语句将只读取 4 个字符到 line 数组,数组的最后一个元素会自动被赋值为空字符。读者可以自行修改程序清单 9-5 验证。

图 9-4 scanf()读取字符串越界

9.3.2 使用 gets()函数读取字符串

gets() 函数可以从标准输入设备中读取字符串(可以包含空格),并将其存储到 str 指向的数组中。其函数原型如下。

```
gets(char *str)
```

gets() 函数的用法如程序清单 9-6 所示。

程序清单 9-6

```
1    #include <stdio.h>
2    #define STR_LEN 80
3    int main(){
4        char str[STR_LEN+1];
```

```
5
6          printf("请输入一行字符串:\n");
7          gets(str);
8          puts(str);
9
10         return 0;
11     }
```

程序与用户的交互示例如下。

```
请输入一行字符串:
The C Progaram Language! ↙
The C Progaram Language!
```

与 scanf()函数一样,gets()函数会自动在读取的字符串末尾放置一个空字符。它和 scanf()函数有以下两点不同。

(1) gets()函数不会忽略字符串开始处的空格字符,而 scanf()函数会跳过这些空格字符。

(2) gets()函数会连续读取字符,直到遇到换行符为止(不读取换行符),而 scanf()函数会在遇到任何空白符时停止读取。所以使用 gets()函数可以读取一整行输入。

与 scanf()函数类似,gets()函数是不安全的。当将读取的字符存入字符数组时,gets()函数也不会检测数组是否填满,因此可能因为越界导致未定义的错误。gets()函数的不安全行为会造成安全隐患。过去曾有人通过系统编程,利用 gets()函数插入并运行一些破坏系统安全的代码。因此 C99 标准建议不要再使用 gets()函数,C11 标准更是直接将 gets()函数从标准中废除。

9.3.3 使用 fgets()函数读取字符串

鉴于 gets()函数的不安全性,很多程序员采用 fgets()函数来代替 gets()函数。fgets()函数是 gets()函数的通用版本,能够从指定的文件中读入一行字符到字符数组中。fgets()函数的函数原型如下。

```
char *fgets ( char *str, int num, FILE *fp);
```

其中,str 是要存入字符的字符数组的指针;num 指定了读入字符的最大数目,fgets()函数会在遇到第一个换行符或者读取了 num−1 个字符后停止读取;fp 指定了从哪个文件读取字符,如果从键盘读取字符,则传入的实参为 stdin。需要注意的是,当一行字符的个数小于 num−1 时,fgets()会读入换行符并将其存入字符数组中。

fgets()函数通常和 fputs()函数(类似 puts()函数)配对使用,fputs()函数的原型如下。

```
int fputs(const char *str, FILE *fp);
```

当需要将字符串 str 输出到屏幕时,第二个实参为 stdout。

【例 9-1】 循环输入多行数据并输出各行数据的内容,输入空行时结束。见程序清单 9-7。

程序清单 9-7

```
1    #include <stdio.h>
2    #define STR_LEN 80
3    int main(){
4        char line[STR_LEN];
5
6        printf("请输入多行字符串(以空行结束):\n");
7        while(fgets(line, STR_LEN, stdin) != NULL &&
8                line[0] != '\n'){
9            fputs(line, stdout);
10       }
11
12       return 0;
13   }
```

程序与用户的交互示例如下。

```
请输入多行字符串(以空行结束):
Hello,world!↙
Hello,world!
The C Programming Language.↙
The C Programming Language.
(空行)
```

9.3.4　逐个字符的方式读取字符串

除了采用上述 3 个函数直接读入字符串外,也可以通过逐个读取字符的方式来实现字符串的读取,具体实现方法如程序清单 9-8 所示。

程序清单 9-8

```
1    #include <stdio.h>
2    #define STR_LEN 80
3    int main(){
4        char ch, line[STR_LEN + 1];
5        int i = 0;
6
7        printf("请输入一行字符串:\n");
8        while((ch = getchar()) != '\n'){
9            line[i++] = ch;
10           if(i >= STR_LEN){
11                   break;
12           }
13       }
14       line[i] = \0;
15       puts(line);
16
```

```
17        return 0;
18    }
```

程序与用户的交互示例如下。

```
Hello,world.↙
Hello,world.
```

程序清单 9-8 中,代码第 10～12 行实现了地址越界的判断,即当读入的字符数达到 STR_LEN(即数组的长度减 1),直接跳出循环。因此,上述读取方式是安全的。代码第 14 行是将空字符赋值给 line[i]。

9.4 常用字符串处理函数

C 语言标准库提供了多个处理字符串的函数,常用的有 strlen()、strcpy()、strcat()、strcmp() 等,ANSI C 将这些函数的原型放在了 string.h 头文件中。本节详细介绍了这些常用的字符串处理函数的使用方法及实现原理。

在 C 语言中,字符串是作为字符数组来处理的,因此无法直接使用 C 语言提供的运算符来实现字符串的复制、链接、比较等操作。实际上,C 语言函数库中提供了很多用于字符串处理的函数,开发人员在使用 C 语言编写程序时,可以直接使用这些函数,并不需要自己编写。使用函数库中的字符串处理函数时,要求包含头文件＜string.h＞。下面介绍一些常用的字符串处理函数。

9.4.1 strlen()函数

strlen()函数用于统计字符串的长度(不包含空字符),其函数原型如下。

```
int strlen(char *str);
```

例 9-2 演示了 strlen()的使用。

【例 9-2】 fgets()函数通常会读入换行符,编写程序将 fgets()函数读入的换行符删除,见程序清单 9-9。

程序清单 9-9

```
1    #include <stdio.h>
2    #include <string.h>
3    #define MAX_LEN 80
4    void filter(char *);
5
6    int main(){
7        char line[MAX_LEN];
8        int n;
9        printf("请输入一行字符:\n");
```

```
10          fgets(line, MAX_LEN, stdin);
11          filter(line);
12          puts(line);
13     }
14
15     void filter(char *pStr){
16          int len = strlen(pStr);
17          if(pStr[len-1] == '\n'){
18               pStr[len-1] = \0;
19          }
20     }
```

程序清单 9-9 中,首先要注意的是使用字符串处理函数时应包含 string.h 头文件,如代码第 2 行所示。代码第 15～20 行定义了一个 filter() 函数专门处理 pStr 指向的字符串中的换行符。代码第 16 行通过调用 strlen() 函数得到数组的长度;代码第 17 行判断字符串的最后一个字符是否为换行符,如果是,则执行代码第 18 行,即将该字符串的最后一个数置为空字符。假设用户输入的是"C Language",则处理流程如图 9-5 所示。

图 9-5　处理 fgets() 读取的字符串中换行符的流程

strlen() 函数的实现原理是逐个读取字符串并计数,直到遇到第一个空字符则结束读取,当前计数值即为字符串的长度。程序清单 9-10 给出了 strlen() 函数的模拟实现。

程序清单 9-10

```
1     int my_strlen(char *pStr){
2          int len = 0;
3          while(pStr[len]){ /*等价于 while(pStr[len] != 0){ */
4               len++;
5          }
6
7          return len;
8     }
```

代码第 3～5 行可以精简为下面一行代码。

```
while(pStr[len++]);
```

9.4.2　strcpy() 函数和 strncpy() 函数

字符数组不能直接赋值,只能逐个元素赋值。C 语言提供了 strcpy() 函数实现字符串的复制,该函数的原型如下。

```
char *strcpy(char *str1, const char *str2)
```

strcpy()函数的功能是将 str2 指向的字符串复制到 str1 指向的数组中。例如：

```
char str[80];
strcpy(str, "The C Language");
```

以上代码可以将字符串常量"The C Language"复制到字符数组 str 中。程序清单 9-11 给出了模拟实现 strcpy()函数的代码。

程序清单 9-11

```
1    char *my_strcpy(char *dst, const char *src){
2        int i = 0;
3        while(src[i]){                /*等价于 while(src[i] != \0){ */
4            dst[i] = src[i];
5            i++;
6        }
7        dst[i] = \0;
8
9        return dst;
10   }
```

需要注意的是，代码第 3 行中，当 src[i]为空字符时，程序会退出 while 循环，因此并不会将空字符赋值给 dst[i]，因此在循环结束后将空字符赋值给 dst[i]（代码第 7 行）。

既然在 strcpy()函数内部可以改变实参的值，为什么 strcpy()还要返回 dst 指向的字符串的指针呢？这是为了方便使用 strcpy()作实参而设计的。例如：

```
char word1[20], word2[20];
strcpy(word1, strcpy(word2, "Hello"));
```

两条语句可以实现将"Hello"字符串常量的内容先复制到 word2 中，然后再复制到 word1 中。

strcpy()函数在复制字符串内容时并没有进行越界检查，因此是不安全的。C 语言提供了更安全的 strncpy()函数实现字符串的复制。strncpy()函数的原型如下。

```
char *strncpy(char *dst, const char *src, int n);
```

相对于 strcpy()函数，strncpy()额外定义了一个形参 n，表示最多复制的字符数。程序清单 9-12 给出了模拟实现 strncpy()函数的代码。

程序清单 9-12

```
1    char *my_strncpy(char *dst, const char *src, int n){
2        int i = 0;
3
4        while(src[i]){                /*等价于 while(*pStr != \0){ */
5            dst[i] = src[i];
6            i++;
7            if(i >= n){
```

```
8              break;
9          }
10     }
11     dst[i] = \0;
12
13     return dst;
14 }
```

代码第 7～9 行中,如果复制的字符数达到了 n 个,则跳出循环,结束字符串的复制。

由于 strcpy()和 strncpy()函数的第一个参数接收的是一个地址,因此传递的实参并不一定是字符串的首地址,如例 9-3 所示。

【例 9-3】 使用 strcpy()函数实现两个字符串的合并。例如,若字符串 1 为"1397",字符串 2 为"km",则执行完程序后字符串 1 变为"1397km"。程序的实现代码如程序清单 9-13 所示。

程序清单 9-13

```
1  #include <stdio.h>
2  #include <string.h>
3  #define MAX_LEN 80
4  char *my_strcat(char *, const char *);
5
6  int main(){
7      char line[MAX_LEN], line2[MAX_LEN] = "km";
8      int n;
9      printf("请输入公里数:\n");
10     scanf("%s", line);
11     my_strcat(line, line2);
12     puts(line);
13
14     return 0;
15 }
16
17 char *my_strcat(char *dst, const char *src){
18     int len = strlen(dst);
19     strcpy(dst+len, src);
20
21     return dst;
22 }
```

代码第 19 行中,传入的第一个实参为 dst+len,这是 dst 字符串的第一个空字符所在的位置,因此本行代码实现了将字符串 src 的内容复制到 dst 字符串之后,即将 src 的内容合并到 dst 字符串中。

9.4.3 strcat()函数

strcat()函数(字符串拼接函数)的原型如下。

```
char *strcat(char *dst, const char *src)
```

该函数把 src 指向的字符串追加到 dst 指向的字符串的末尾,函数的返回值为 dst。例如:

```
char str[100] = "hello";
strcat(str, "world");
```

执行完上述代码后,str 的内容变为"hello world"。程序清单 9-13 中已给出了 strcat() 函数的一种模拟实现,读者可尝试不使用 strcpy()函数,编写一个实现字符串拼接的函数。

与 strcpy()类似,strcat()在拼接时并不会进行越界检查,因此是不安全的。一个更谨慎的做法是使用 strncat()函数,其函数原型如下。

```
char *strncat(char *dst, const char *src, int n);
```

第三个参数定义了最多可以复制 src 中的前 n 个字符。其模拟实现的代码如程序清单 9-14 所示。

程序清单 9-14

```
1    #include <stdio.h>
2    #include <string.h>
3    #define MAX_LEN 10
4    char *my_strncat(char *, const char *, int);
5
6    int main(){
7        char word1[MAX_LEN] = "hello", word2[] = "world!";
8
9        my_strncat(word1, word2, sizeof(word1)-strlen(word1)-1);
10       puts(word1);
11
12       return 0;
13   }
14
15   char *my_strncat(char *dst, const char *src, int n){
16       int len = strlen(dst);
17       int i = 0;
18
19       while(src[i] && i < n){
20           dst[len+i] = src[i];
21           i++;
22       }
23       dst[len+i] = \0;
24
25       return dst;
26   }
```

代码第 16～29 行定义了 my_strncat()函数。不难看出,与 strcat()不同,strncat()在每次循环时都判断复制了几个字符,如果复制的字符数超过 n,则退出循环(代码第 19 行)。另外需要注意的是调用 my_strncat()时(代码第 9 行),传入的第 3 个参数是 word1 数组的长度减去 word2 字符串的长度再减 1，即 sizeof(word1)－strlen(word2)－1。

由程序清单 9-14 不难发现，尽管 strncat()比 strcat()要更安全，但由于每复制一个字符都要进行越界判断，所以 strncat()的执行速度要逊于 strcat()。

9.4.4 strcmp()函数

字符串不能直接通过关系运算符比较大小。例如，假定字符数组 str1 和 str2 定义如下。

```
char str1[20]="hello", str2[20]="world";
```

则 str1＞str2 比较的是两个指针 str1 和 str2 的大小（也就是两个数组的起始地址的大小），而不是比较两个数组的内容。如果想比较字符串的内容，应使用标准库函数 strcmp()实现。strcmp()函数的原型如下。

```
int strcmp(const char *str1, const char *str2)
```

其中，str1 和 str2 是两个指向字符串的指针，strcmp 函数将按照字典顺序比较两个字符串的大小。如果 str1 等于 str2，返回 0；如果 str1 小于 str2，返回负数；如果 str1 大于 str2，返回正数。

strcmp()函数使用字典顺序进行字符串的比较，其具体规则如下。

（1）如果 str1 和 str2 的前 i 个字符相同，第 i＋1 个字符不同，如果 str1 的第 i＋1 个字符的 ASCII 码值大于 str2 的第 i＋1 个字符的 ASCII 码值，则 str1 大于 str2；否者 str1 小于 str2。如 pear 大于 apple。

（2）如果 str2 的所有字符与 str1 一致，但 str1 的长度大于 str2 的长度，则 str1 大于 str2，如 apple 大于 app。

（3）如果 str2 的所有字符与 str1 一致，且 str1 的长度等于 str2 的长度，则 str1 等于 str2。

【例 9-4】 输入两个单词，按字典顺序升序输出，见程序清单 9-15。

程序清单 9-15

```
1    #include <stdio.h>
2    #include <string.h>
3    #define STR_LEN 10
4    int main(){
5        char word1[STR_LEN+1], word2[STR_LEN+1], temp[STR_LEN+1];
6
7        printf("请输入两个单词:");
8        scanf("%s%s", word1, word2);
9        if(strcmp(word1, word2) > 0){
10           strcpy(temp, word1);
11           strcpy(word1, word2);
12           strcpy(word2, temp);
```

```
13          }
14          printf("两个单词按字典顺序升序排列为:%s, %s\n", word1, word2);
15
16          return 0;
17      }
```

程序与用户的交互示例如下。

```
请输入两个单词:pear apple↙
两个单词按字典顺序升序排列为:apple, pear
```

9.4.5　sprintf()函数

sprint()函数与printf()函数类似,不过它是将格式化后的字符串写入字符数组,而不是打印在显示器上。与前面的字符串处理函数不同,sprintf()函数的声明在 stdio.h 中。sprintf()函数的原型如下。

```
int sprintf(char *buffer, const char *format, [argument] ...);
```

其中,buffer 指向的是要写入字符的字符数组。例如,以下代码将把经过格式化处理后的字符串"Jim--Male--17"写入 line 数组。

```
char line[80];
sprintf(line, "%s--%s--%d", "Jim", "Male", 17);
```

9.5　字符串数组

顾名思义,字符串数组的数组元素是字符串。字符串数组有两种表示形式。第一种是用二维数组表示字符串数组,因为字符串是以空字符结尾的一维字符数组,所以字符串数组就是元素为一维数组的一维数组,即二维数组。例如:

```
char names[][8] = {"Tom", "Kate", "Jeffere", "Jimmy"};
```

需要注意的是二维数组的行数可以省略,但列数必须指定。由于字符串的长度不同,为了保证每个字符串都能正常存储,需要将二维数组的列宽设定为长度最大的字符串的长度加1。初始化后,names 二维数组的逻辑结构如图9-6所示。

T	o	m	\0	\0	\0	\0	\0
K	a	t	e	\0	\0	\0	\0
J	e	f	f	e	r	e	\0
J	i	m	m	y	\0	\0	\0

图 9-6　字符串数组的逻辑结构

因为大部分字符串集合都是长字符串和短字符串的混合,采用二维数组表示字符串数组势必会造成大量空间的浪费。另外,一旦出现更长的字符串,原有的二维数组将无法处理,因此这种方式的扩展性很差。

第二种形式是通过指针数组表示字符串数组。例如:

```
char *names[] = {"Tom", "Kate", "Jeffere", "Jimmy"};
```

上述语句声明了一个指针数组 names,names 的每个元素都是一个指针变量,且指向相应的字符串常量,如图 9-7 所示。

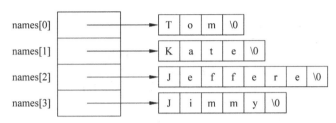

图 9-7　用指针数组存储字符串数组

不难看出,相对于用二维数组存放字符数组,指针数组的方式不受字符串长度的限制,操作也更加灵活。需要注意的是,在指针数组中,如果每个元素指向的是一个字符串常量,此时不能通过指针修改字符串的内容。

【例 9-5】　已有字符串集合{"Mercury","Venus","Earth","Mars","Jupiter","Saturn","Uranus","Neptune","Pluto"},编写程序将这些字符串按字典顺序升序输出,见程序清单 9-16。

程序清单 9-16

```
1    #include <stdio.h>
2    void sort(char *[], int);
3    void printStrings(char *[], int);          //在屏幕打印所有字符串
4    int main(){
5        char *planets[] = {"Mercury", "Venus", "Earth",
6                           "Mars", "Jupiter", "Saturn",
7                           "Uranus", "Neptune", "Pluto"};
8        int i;
9        printf("排序前:\n");
10       printStrings(planets, 9);
11
12       sort(planets, 9);
13
14       printf("排序后:\n");
15       printStrings(planets, 9);
16
17       return 0;
18   }
19
20   void printStrings(char *strings[], int len){
21       int i;
22
```

```
23        for(i = 0; i < 8; i++){
24                printf("%s, ", strings[i]);
25        }
26        printf("%s\n", strings[8]);
27   }
28
29   void sort(char *strings[], int len){
30        int i, j;
31        char *p;
32
33        for(i = 1; i < len; i++){
34                for(j = 0; j < len-i; j++){
35                        if(strcmp(strings[j], strings[j+1]) > 0){
36                                p = strings[j];
37                                strings[j] = strings[j+1];
38                                strings[j+1] = p;
39                        }
40                }
41        }
42   }
```

　　程序清单 9-16 中定义了 sort() 和 printStrings() 两个函数,分别实现了对字符串数组排序和输出字符串数组中的所有字符串的功能。在 sort() 函数的实现代码中(代码第 29～42 行),代码第 33～41 行采用冒泡排序算法对字符串数组进行排序。与之前使用的冒泡排序略有不同,本例中两个字符串的比较使用的是 strcmp() 函数(代码第 35 行),而相邻元素的交换并不是交换字符串的内容,而是交换字符串的指针,即指针数组中的元素(代码第 36～38 行)。

　　程序的运行结果如下。

```
排序前:
Mercury, Venus, Earth, Mars, Jupiter, Saturn, Uranus, Neptune, Pluto
排序后:
Earth, Jupiter, Mars, Mercury, Neptune, Pluto, Saturn, Uranus, Venus
```

9.6　本章小结

　　字符串常量是用双引号包围起来的字符序列,其中字符序列中可以包含转义字符。如果两个字符串常量中间没有间隔或者用空白符间隔,编译器会将其拼接成一个字符串常量。基于这一特性,当一个字符串常量内容过多时,可以将其分隔成多个字符串常量放在多行。

　　字符串常量被视为一个指向字符串首地址的指针,或者数组名,因此可以直接对字符串常量进行间接寻址运算或下标运算。通常情况下,可以将字符串常量赋值给一个指向字符类型的指针变量,然后通过该指针变量操作字符串。

　　C 语言没有字符串类型,如果一个字符数组中的字符以空字符结尾,那么这个字符数组即是一个字符串变量。字符数组和指向字符串常量的字符指针变量有本质的区别。首先,前者是一个数组,因此需要开辟连续的存储单元来存放字符,后者是一个指针变量,保存的是字符串常量在内存的地址;其次,字符数组的内容可以修改,但不能通过指向字符串常量的指针变量修改字符串的内容。

使用 scanf()函数读取字符串时不能读取一整行数据,而直接用%s 格式修饰符读取字符串时 scanf()函数不会对字符数组进行越界判断,因此,此函数是不安全的。建议用 scanf()函数读取字符串时使用%ns,即指定最多读取的字符数。gets()函数可以方便读取一行字符到字符数组,但由于此函数无法对字符数组进行越界判断,因此,gets()函数也是不安全的,C99 标准建议尽量不要使用 gets()函数。fgets()函数是 gets()函数的通用版本,它可以更加安全的方式读取字符串到字符数组,但需要注意的是 fgets()通常会读取换行符到字符数组,因此,可能需要在程序中对其专门进行处理。

C 语言的字符串标准库提供了 strlen()、strcpy()、strcat()和 strcmp()等函数分别实现求字符串的长度、字符串复制、字符串拼接以及字符串比较等常用的功能。需要注意的是,strcpy()和 strcat()函数在处理时并没有进行字符数组的越界判断,因此它们是不安全的。C 标准库提供了更安全的 strncpy()和 strncat()函数,但由于它们每操作一个字符都要进行越界判断,其性能比 strcpy()和 strcat()函数要差。

字符串数组可以用两种方式存放:一种是采用二维字符数组存放字符串数组,这种方式的优点是可以修改字符串数组的内容,缺点是会浪费大量的内存空间,并且不易扩展;另一种是采用字符指针数组存放每个字符串的指针,这种方式更灵活,不受字符串长度的限制,因此程序中通常用这种方式来表示字符串数组。

练 习 题

一、选择题

1. 下面不正确的字符串常量是( )。

A. 'PROGRAM'   B. "12'12"   C. "0"   D. " "

2. 设有数组定义:char array [ ]="abcd";,则数组 array 所占的存储空间为( )个字节。

A. 4   B. 5   C. 6   D. 7

3. 设有以下程序:

```c
#include <stdio.h>
int main() {
    char p[ ]={'a', 'b', 'c'}, q[10]={'a', 'b', 'c'};
    printf("%d %d\n", strlen(p), strlen(q));
    return 0;
}
```

下列叙述中正确的是( )。

A. 给 p 和 q 数组置初值时,系统会自动添加字符串结束符,故输出的长度都为 3

B. 由于 p 数组中没有字符串结束符,长度不能确定;但 q 数组中字符串长度为 3

C. 由于 q 数组中没有字符串结束符,长度不能确定;但 p 数组中字符串长度为 3

D. 由于 p 和 q 数组中都没有字符串结束符,故长度都不能确定

4. 以下能正确定义字符串的语句是(　　)。

    A. char str[]={'\064'};　　　　　　　　B. char str="kx43";

    C. char str=";　　　　　　　　　　　　D. char str[]="\0";

5. 下述对 C 语言中字符数组的描述错误的是(　　)。

    A. 字符数组可以存放字符串

    B. 字符数组中的字符串可以整体输入和输出

    C. 可在赋值语句中通过赋值运算符"="对字符数组整体赋值

    D. 可在对字符数组定义时通过赋值运算符"="对字符数组整体初始化

6. 已知 char x[]="hello",y[]={'h','e','a','b','e'},则关于两个数组长度的正确描述是(　　)。

    A. 相同　　　　　　　　　　　　　　B. x 大于 y

    C. x 小于 y　　　　　　　　　　　　　D. 以上答案都不对

7. 函数调用 strcat(strcpy(str1,str2),str3)的功能是(　　)。

    A. 将字符串 str1 复制到字符串 str2 中后再连接到字符串 str3 之后

    B. 将字符串 str1 连接到字符串 str2 中后再复制到字符率 str3 之后

    C. 将字符串 str2 复制到字符串 str1 中后再将字符串 str3 连接到字符串 str1 之后

    D. 将字符串 str2 连接到字符串 str1 之后再将字符串 str1 复制到字符串 str3 中

8. 若有定义 char a[10],*b=a,则不能给数组 a 输入字符串"This is a book"的语句是(　　)。

    A. gets(a);　　　　B. scanf("%s",a);　　C. gets(&a[0]);　　D. gets(b);

9. 以下程序执行后的输出结果是(　　)。

    A. 2　　　　　　　　B. 3　　　　　　　　C. 4　　　　　　　　D. 5

```c
#include <string.h>
#include <stdio.h>
int main( ) {
    char *p[10]= {"abc","aabdfg","dcdbe","abbd","cd"};
    printf("%d\n",strlen(p[4]));
    return 0;
}
```

10. 若定义一个名为 s 且初值为"123" 的字符数组,则下列定义错误的是(　　)。

    A. char s[]={'1','2','3','\0'}　　　　B. char s[]={"123"};

    C. char s[]={"123\n"};　　　　　　　D. char s[4]={'1','2','3'};

二、编程题

1. 编写程序:输入一个字符串 s 和一个字符 c,程序输出字符 c 在 s 中出现的次数。

2. 编写程序:输入一个字符串 s,程序将 s 中的小写字母转换为大写字母,大写字母转换为小写字母,其他字符不做处理。例如:输入 Hello World!,输出 hELLO wORLD!。

3. 编写程序:输入一个字符串 s,程序将 s 中的元音(a、e、i、o、u 及其大写)删除并输出。

4. 实现连接两个字符串的函数(不允许使用标准库的字符串处理函数)。

5. 使用指针实现一个倒置字符串的函数,如 Language 翻转后为 egaugnaL。

6. 输入 N 个单词(每个单词长度不超过 20),将单词按字典排序升序输出。

7. 编写一个字符串截取的函数:用户输入一个字符串 str 和两个正整数 start 和 end,输出字符串 str 中下标在 start 和 end 之间的这一段字符。例如 str="asdfghj",start=2,end=4,则输出 dfg。

8. 输入一个字符串和一个非负整数 N,要求将字符串循环左移 N 次。例如输入 Hello World!,N=2,则输出 llo World! He。

9. 定义一个函数 int palindrome(char * s),判断一个字符串 s 是否是回文,当字符串是回文时,函数返回 1,否则函数返回 0。所谓回文即正向与反向的拼写都一样,例如:adgda。

10. 编写函数 rearrange(),功能是:将 M 行 N 列的二维字符数组中的字符数据按列的顺序依次放到一个字符串中。

例如,二维数组中的数据为

W　W　W　W

S　S　S　S

H　H　H　H

则字符串中的内容应是:WSHWSHWSHWSH。

第 10 章 结构体和共用体

整型、实型和字符类型都是 C 语言提供的基本数据类型，可以直接用于定义变量。在实际应用中用户会遇到一些实体，它们包含多种不同类型的属性。比如设计超市购物系统时，需要把超市的各种商品信息存储起来以备查询，每种商品都有多种信息——商品编号、商品名称、商品单价等。如果把每种商品的多种信息分别存放在变量中，那么变量数目会很多，结构零散且不容易管理，而且一旦某种商品的某种信息录入时出现错位，就会导致后面商品的所有信息全部错位。所以需要把这些不同类型的信息组合在一个整体中，以便操作。C 语言为此提供了用户自定义数据类型的能力，即用户可以根据具体问题的需要，设计符合自己要求的新的数据类型。结构体和共用体就是两种用户自定义的数据类型。

本章 10.1 节介绍结构体类型和结构体变量的概念；10.2 节和 10.3 节分别介绍结构体数组和结构体指针的定义和使用；10.4 节介绍函数中使用结构体成员、结构体变量和结构体指针传递参数的方法；10.5 节简要介绍共同体的使用；10.6 节是对本章的知识点进行总结。

10.1　结构体类型与结构体变量

10.1.1　结构体类型的定义

结构体类型是一种构造数据类型，它可以把多个不同类型的数据组合在一起，并且可以访问其中的每个数据。其中的每个数据称为结构体的成员。

定义结构体类型的语法格式如下。

```
struct 结构体类型名称
{
    数据类型 成员名 1;
    数据类型 成员名 2;
     ⋮
    数据类型 成员名 n;
}
```

在上述语法结构中，struct 是定义结构体类型的关键字，其后是结构体类型名称，在结构体类型名称下的大括号中，定义结构体类型的成员，每个成员是由数据类型和成员名共同组成。其中结构体类型名称和成员名要符合标识符的命名规则。

例如，定义一个描述商品信息的结构体类型的代码如下。

```
struct goods
{
    int number;
    char name[10];
    float price;
};
```

这样,struct goods{…}定义了一个结构体类型,goods 就是结构体类型名(注意:在表示结构体类型名时,struct 关键字不能省略),该结构体类型包含以下三个成员。

(1) number:该类型为整型,用来存储商品编号。

(2) name:该类型为字符型数组,用来存储商品名称。

(3) price:该类型为实型,用来存储商品价格。

定义好一个结构体类型后,并不意味着分配一块内存单元来存放各个数据成员,它只是告诉编译系统结构体类型是由哪些类型的成员构成,它们各占多少个字节,各按什么格式存储,并把它们当作一个整体来处理。

10.1.2 结构体变量的定义

当使用整型数据时需要先定义整型变量后才能够存储数据,比如不能使用 int 存储数据,而是需要使用"int a;"定义变量,然后用变量 a 存储数据。结构体类型定义后,同样也需要先定义结构体变量才可以存储数据。结构体变量的定义形式有三种。

1. 先定义结构体类型,再定义结构体变量

定义好结构体类型后,可以定义结构体变量,定义结构体变量的语法格式如下。

struct 结构体类型名 结构体变量名列表;

例如,定义如下结构体类型和结构体变量:

```
struct goods
{
    int number;
    char name[10];
    float price;
};
struct goods g1, g2 ;
```

其中,g1 和 g2 为两个 goods 类型的结构体变量(在不引起误解的情况下,也可以将一个结构体变量简称为一个结构体)。定义了结构体变量后,计算机会为每个变量分配一个连续的存储空间,各个成员按定义顺序依次存放,成员的存储空间是连续的。

结构体变量占据内存的大小是按照"字节对齐"的机制来分配的。通常情况下,字节对齐满足以下两个原则。

(1) 结构体的每个成员变量相对于结构体首地址的偏移量是该成员变量的基本数据类型(不包括结构体、数组等)大小的整数倍,如果不够,编译器会在成员之间加上填充字节。

（2）结构体的总大小为结构体最宽基本类型成员大小的整数倍，如果不够，编译器会在最末一个成员之后加上填充字节。

例如上面的例子中，成员 number 是整型，占 4 个字节，相对于结构体首地址的偏移量是 0；成员 name 是字符型数组，占 10 个字节，相对于结构体首地址的偏移量是 4；成员 price 是实型，占 4 个字节，相对于结构体首地址的偏移量是 14（前面成员 number 和 name 的内存大小），不是 4 的整数倍，所以首先在 price 前面添加 2 个字节的填充字节，相对于结构体首地址的偏移量是 16。此时结构体变量总内存大小为 20 个字节，恰好是最宽基本类型（float 类型）大小的整数倍，所以变量 g1 和 g2 都占据 20 个字节的存储空间。变量 g1 的存储空间示意图如图 10-1 所示。

图 10-1　结构体变量 g1 的存储空间示意图

【例 10-1】　结构体内存大小的实例，见程序清单 10-1。

程序清单 10-1

```
1   #include <stdio.h>
2       struct goods {
3       int number;
4              char name[10];
5              float price;
6       };
7   int main() {
8       struct goods g1;
9       printf("%d\n",sizeof(struct goods));
10      printf("%d\n",sizeof(g1));
11      return 0;
12  }
```

这个例子的输出结果是 20，说明获取结构体变量的大小可以使用 sizeof(结构体类型名称)或 sizeof(结构体变量)函数。

2. 定义结构体类型的同时定义变量

该方式的作用与第一种方式相同，其语法格式如下。

struct 结构体类型名称
{
　　　数据类型 成员名 1；
　　　数据类型 成员名 2；
　　　　⋮
　　　数据类型 成员名 n；
} 结构体变量名列表；

例如：

```
struct goods
{
    int number;
    char name[10];
    float price;
} g1, g2 ;
```

结构体变量 g1 和 g2 的定义直接跟在结构体类型 goods 的定义之后。

3. 直接定义结构体类型变量

这种方式定义结构体变量的语法格式如下。

```
struct
{
    数据类型 成员名 1;
    数据类型 成员名 2;
        ⋮
    数据类型 成员名 n;
} 结构体变量名列表;
```

例如：

```
struct
{
    int number;
    char name[10];
    float price;
} g1, g2;
```

在这种定义方式下，struct{...}定义了结构体类型，然后变量 g1、g2 被定义为该类型的变量。需要注意的是，该结构体类型没有名称，因此也就无法在其他位置定义该结构体类型的变量，并且由于 g1、g2 的类型没有命名，也就无法将它们用作函数参数。

10.1.3 用 typedef 为结构体类型定义别名

为了增强程序的可读性，使程序更加简洁，程序员经常用 typedef 为结构体类型定义一个更简单、更直观和更好的可读性别名。关键字 typedef 用来为一个已存在的数据类型定义一个别名，语法格式如下。

```
typedef 数据类型 别名;
```

例如：

```
typedef int integer;
```

这样可以为 int 类型指定一个别名 integer。之后可以使用类型名和别名去定义整型变量，例如：int x；和 integer x；是等价的。

同样地，可以使用 typedef 为结构体类型指定一个方便使用的名字。例如：

```
typedef struct goods
```

```
{
    int number;
    char name[10];
    float price;
} kind;
```

或者

```
struct goods
{
    int number;
    char name[10];
    float price;
};
typedef struct goods kind;
```

这样,就为结构体类型 goods 起了一个别名 kind,之后既可以使用 struct goods 去定义结构体变量,也可以使用 kind 去定义结构体变量。例如:

```
struct goods g1;
kind g2;
```

g1 和 g2 是两个类型相同的结构体变量。

10.1.4 结构体变量的引用和初始化

与其他类型的变量一样,结构体变量可以在定义的同时初始化。例如:

```
struct goods
{
    int number;
    char name[10];
    float price;
} g1={10446, "apple", 1.8};
```

对结构体变量初始化时,初始值要用一对大括号{}括起来,并且必须按照结构体类型定义成员的排列顺序依次给出每个初始值。

也可以对结构体变量的每个成员单独赋予初始值。访问结构体各成员的语法格式如下。

结构体变量名. 成员名

符号".”是成员运算符,其优先级高于 *(取值运算符)、&(取地址运算符)、!(逻辑非运算符)、++(前缀自增运算符)、——(前缀自减运算符)等一元运算符。例如:

```
struct goods g1;
g1.number=10446;
strcpy(g1.name, "apple")
g1.price=1.8;
```

因为 C 语言是有类型语言,所以在对每个变量操作时,必须要知道该变量的数据类型。

如第一个表达式中,g1. number 是整型变量,可以用＝赋值一个整数;第二个表达式中,g1. name 是字符型数组,name 是该数组的名字,代表数组的首地址,必须用 strcpy 进行赋值,而不能用＝。所以,在对结构体变量的成员进行操作时,必须注意成员的数据类型。

相同类型的结构体变量可以互相赋值。如果变量 g1 已经赋初值,则下列操作是完全正确的,它将 g1 成员的值逐一复制给 g2 的相应成员,这样 g2 和 g1 具有相同的值,即每个成员的值都相同。

```
struct goods g2 = g1;
```

需要注意的是,不能将一个结构体变量作为一个整体进行输入/输出操作,只能对每个具体成员进行输入/输出操作。例如,不能使用如下的代码。

```
printf("%d, %s, %f", g1);                 /*这样是错误的 */
```

正确的输入/输出语句如下。

```
scanf("%d %s %f", &g1.number, g1.name,&g1.price);
printf("%d, %s, %f", g1.number, g1.name, g1.price);
```

结构体允许嵌套,即结构体的成员可以是其他结构体类型的变量。此时必须以级联的方式访问结构体成员。例如:

```
struct date{
    int year;
    int month;
    int day;
};
struct goods
{
    int number;
    char name[10];
    float price;
    struct date pd;
};
```

上面的语句中,商品的生产日期 pd 是一个 date 结构体类型的变量,因此不能直接访问该变量,必须通过成员运算符级联找到底层的成员。例如,商品 g1 的生产日期是 2019 年 3 月 15 日,则赋值语句如下。

```
struct goods g1;
g1.pd.year=2019;
g1.pd.month=3;
g1.pd.day=15;
```

【例 10-2】 结构体使用实例,见程序清单 10-2。

程序清单 10-2

```
1    #include <stdio.h>
2    #include <string.h>
```

```
3
4    struct date {
5          int year;
6          int month;
7          int day;
8    };
9    struct goods {
10         int number;
11         char name[10];
12         float price;
13         struct date pd;
14   };
15   int main( ) {
16         typedef struct goods kind ;
17         kind g1;
18         printf("请输入商品编号、名称、价格、生产日期(年-月-日):\n");
19         scanf("%d %s %f %d-%d-%d",&g1.number, g1.name,
20                 &g1.price,&g1.pd.year, g1.pd.month, &g1.pd.day);
21         if( strcmp(g1.name, "apple") == 0){
22             g1.price *=0.8;
23         }
24         printf("商品编号:%d, 名称:%s, 打折后价格: %f, 生产日期:%d-%d-%d",
25             g1.number ,g1.name, g1.price,g1.pd.year,g1.pd.month,g1.pd.day);
26         return 0;
27   }
```

该程序实现的功能是,用键盘输入一种商品的编号、名称、价格和生产日期信息,如果输入的商品名称是 apple,则价格打 8 折。程序最后输出打折后的价格。

10.2 结构体数组

仍然以超市购物系统为例,有了结构体变量之后可以方便地存储一种商品的多种信息,但超市中每一种商品都有多件,此时可以使用结构体数组来存储所有该种商品。

10.2.1 结构体数组的定义

与定义结构体变量的方法一样,结构体数组有以下三种定义形式。
(1) 使用结构体类型名定义数组:

```
struct goods
{
    int number;
    char name[10];
    float price;
}
struct goods g[10];
```

（2）定义结构体类型的同时定义数组：

```
struct goods
{
    int number;
    char name[10];
    float price;
}g[10];
```

（3）直接定义结构体类型数组：

```
struct
{
    int number;
    char name[10];
    float price;
}g[10];
```

以上三种方法都可以定义一个结构体数组 g，里面含有 10 个元素，g[0]、g[1]、…、g[9]。每个数组元素都是一个结构体变量，都含有三个成员。例如：

```
g[0].number=10446;
strcpy(g[0].name, "apple");
g[0].price=1.8;
g[1].number=10447;
strcpy(g[1].name, "banana");
g[1].price=2.6;
...
g[9].number=10442;
strcpy(g[9].name, "orange");
g[9].price=1.5;
```

图 10-2 结构体数组 g 的存储空间示意图

该结构体数组的存储空间示意图如图 10-2 所示。

10.2.2 结构体数组的初始化

结构体数组的初始化方式与基本类型数组类似，都是通过为元素赋值的方式完成的。由于结构体数组中的每个元素都是一个结构体变量，因此在为每个元素赋值的时候，需要将其成员的值依次放到一对大括号中。例如：

```
struct goods
{
    int number;
    char name[10];
    float price;
}g[5]={{10446, "apple", 1.8},
{10447, "banana", 2.6},
{10448, "pear", 1.6}};
```

上面这条语句只对数组的前 3 个元素赋予了初值，其他元素将被系统自动初始化为 0。

下面的程序对超市商品进行了统计。假设有 10 种商品，首先输入每种商品的信息并存入结构体数组，然后分别找出价格最高和最低的商品，并计算商品的平均价格。

【例 10-3】 结构体数组的使用实例——统计商品信息，见程序清单 10-3。

程序清单 10-3

```
1    #include <stdio.h>
2    #include <string.h>
3    struct goods {
4        int number;
5        char name[10];
6        float price;
7    };
8    int main( ) {
9        struct goods g[10];
10       int i, max, min;
11       float average=0.0;
12       printf("输入所有商品的编号、名称、价格(用空格隔开,每个商品占一行):\n");
13       for(i=0; i<10; i++) {
14           scanf("%d%s%f", &g[i].number, g[i].name, &g[i].price);
15       }
16       max=min=0;
17       for(i=0; i<10; i++) {
18           if(g[i].price>g[max].price)
19               max=i;
20           if(g[i].price<g[min].price)
21               min=i;
22           average+=g[i].price;
23       }
24       average=average/10;
25       printf("the max price is:%d,%s,%.2f\n",
26           g[max].number, g[max].name, g[max].price);
27       printf("the min price is:%d,%s,%.2f\n",
28           g[min].number, g[min].name, g[min].price);
29       printf("the average price is:%.2f\n", average);
30       return 0;
31   }
```

程序首先定义了一个结构体数组 g，包含 10 个结构体元素。同时定义了变量 max 和 min 用于记录价格最高和最低的商品在数组中的下标。然后程序通过第一个 for 语句依次读取 10 种商品的信息，并依次存入数组 g。接着程序通过第二个 for 语句遍历数组 g，找出价格最高和最低的商品，并计算所有商品的平均价格。

10.3 结构体类型指针

如同指针变量可以指向普通变量和数组一样，也可以定义指针变量，指向一个结构体变量或结构体数组。

10.3.1　指向结构体变量的指针

结构体变量的指针指向该结构体变量所占的内存空间的首地址。定义结构体变量指针的语法格式如下。

```
struct 结构体名 *指针变量名;
```

例如：

```
struct goods *p ;
```

此时,指针 p 并未指向一个已存在的结构体,所以不能通过指针 p 访问结构体的内容。可以通过初始化或赋值操作让指针 p 指向一个结构体。

```
struct goods g1;
p =&g1;
```

当指针 p 指向结构体 g1 后,(＊p)便表示该结构体变量,如图 10-3 所示。

通过结构体变量指针访问其指向的结构体变量成员的方法有两种。

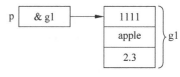

图 10-3　结构体指针

第一种形式为：

```
(*指针变量名) . 结构体成员名
```

由于运算符“.”的优先级高于运算符“＊”,因此＊指针变量名必须用括号括起来。例如：

```
(*p).number
(*p).name
```

(＊p).number 表示先通过变量指针 p 找到结构体,然后访问结构体的 number 成员。

第二种形式为：

```
指针变量名->结构体成员名
```

这种访问方式更为便捷,这里的－＞运算符是成员选择(指针)运算符。例如：

```
p->number
p->name
```

【**例 10-4**】　将程序清单 10-2 改为通过指针变量对结构体进行操作,见程序清单 10-4。

程序清单 10-4

```
1    #include <stdio.h>
2    #include <string.h>
3
4    struct date {
5        int year;
```

```
6          int month;
7          int day;
8     };
9     struct goods {
10         int number;
11         char name[10];
12         float price;
13         struct date pd;
14    };
15    int main( ) {
16         typedef struct goods kind ;
17         kind g1,*p;
18         p=&g1;                          /*指针需要指向某一个结构体变量后才能使用*/
19         printf("请输人商品编号、名称、价格、生产日期(年-月-日):\n");
20         scanf("%d %s %f %d-%d-%d",&p->number, p->name,
21              &p->price,&p->pd.year, &p->pd.month, &p->pd.day);
22         if(strcmp(p->name, "apple")==0) {
23              p->price *=0.8;
24         }
25         printf("商品编号:%d, 名称:%s, 打折后价格: %.2f, 生产日期:%d-%d-%d",
26              p->number, p->name, p->price,p->pd.year,p->pd.month,p->pd.day);
27
28         return 0;
29    }
```

上面的代码中,指针 p 指向结构体变量 g1,p—>number、p—>name、p—>price、p—>pd
分别表示访问 g1 的成员。由于成员 pd 是 date 结构体类型的变量,访问其成员用"."运算
符,所以 p—>pd.year 表示访问商品生产日期的年份。

10.3.2 指向结构体数组的指针

结构体数组一旦定义,系统将为其申请一段连续的存储空间。可以定义一个结构体类型的
指针指向该数组,这样可以通过指针变量的算术运算来访问结构体数组中的每个元素。例如:

```
struct goods g[10],*p;
p=g;
```

此时,指针 p 指向结构体数组的第一个元素。

【例 10-5】 假设有 10 种商品,首先输入每种商品的信息并存入结构体数组,然后分别
找出价格最高和最低的商品,并计算商品的平均价格。要求使用结构体指针实现。见程序
清单 10-5。

程序清单 10-5

```
1    #include <stdio.h>
2    #include <string.h>
3    struct goods {
```

```
4          int number;
5          char name[10];
6          float price;
7      };
8      int main( ) {
9          struct goods g[10],*p,*pmax,*pmin;
10         int i;
11         float average=0.0;
12         p=g;                              //指针 p 指向数组的首地址
13         printf("输入所有商品的编号、名称、价格(用空格隔开,每个商品占一行):\n");
14         for(i=0; i<10; i++) {
15             scanf("%d %s %f", &p->number, p->name, &p->price);
16             p++;
17         }
18         p=g;
19         pmax=pmin=g;
20         for(i=0; i<10; i++) {
21             if(p->price>pmax->price)
22                 pmax=p;
23             if(p->price<pmin->price)
24                 pmin= p;
25             average+= p->price;
26             p++;
27         }
28         average=average/10;
29         printf("the max price is:%d,%s,%.2f\n", pmax->number, pmax->name,
                    pmax->price);
30         printf("the min price is:%d,%s,%.2f\n",pmin->number,pmin->name,pmin->
                    price);
31         printf("the average price is:%.2f\n", average);
32         return 0;
33     }
```

本程序中,通过指针变量 p 实现对结构体数组 g 中元素的遍历。首先使用语句 p=g;使指针变量 p 指向数组的第一个元素,然后通过语句 p++;使指针变量 p 指向数组的下一个元素,如图 10-4 所示。当指针变量 p 指向数组的某个元素时(数组 g 中的每个元素均是一个结构体变量),便可以通过 p->number、p->name、p->price 访问该结构体的各成员。结构体指针变量 pmax 和 pmin 分别用于指向已找到的价格最高和最低的商品(即指向存放该商品信息的数组元素)。

需要注意的是,在执行第二个 for 语句之前,要通过语句 p=g;使指针变量 p 重新指向数组 g 的第一个元素。

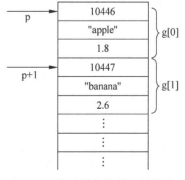

图 10-4 指向结构体数组的指针

10.4　结构体与函数

当程序使用结构体存储数据后,便要考虑如何在两个函数之间传递结构体数据。通过函数参数在两个函数之间传递结构体变量通常有以下三种方式。

10.4.1　结构体变量的成员作函数参数

将结构体的一个或多个成员作为独立的函数参数进行传递,与普通的函数参数的值传递没有区别。形参类型应与实参类型一致,实参将值传递给形参作为初始值。被调函数执行过程中,如果形参的值发生了改变,其对应的实参的值则不会改变。

需要注意的是,如果结构体成员为数组或指针类型,将其作为实参,该实参表示一个地址,则实参与形参之间传递的数据为地址。这样,实参和形参便指向了同一个对象,被调函数执行时,如果通过形参修改了其所指向的对象的内容,实际上也就是实参所指向的对象的内容改变了。

下面通过一个程序实例,了解这种参数传递方式的使用方法。

【例 10-6】　结构体成员作函数参数,见程序清单 10-6。

程序清单 10-6

```
1    #include <stdio.h>
2    #include <string.h>
3    struct student {
4         int num;
5         char name[20];
6         char sex;
7         int score[3];
8    };
9    void fun(int num, char name[ ], char sex, int s[ ]) {
10        num=10447;
11        strcpy(name, "lisi");
12        sex='W';
13        s[0]=60;
14        s[1]=60;
15        s[2]=60;
16   }
17   int main( ) {
18        struct student stu;
19        stu.num=10446;
20        strcpy(stu.name, "zhangsan");
21        stu.sex= 'M';
22        stu.score[0]=78;
23        stu.score[1]=96;
24        stu.score[2]=86;
```

```
25          printf("调用函数前数据为:%d,%s,%c,%d,%d,%d\n", stu.num, stu.name,
              stu.sex, stu.score[0], stu.score[1], stu.score[2] );
26          fun(stu.num, stu.name, stu.sex, stu.score);
27          printf("调用函数后数据为:%d,%s,%c,%d,%d,%d\n", stu.num, stu.name,
              stu.sex, stu.score[0], stu.score[1],stu.score[2] );
28          return 0;
29    }
```

程序执行后的输出结果如下。

```
调用函数前数据为:10446,zhangsan,M,78,96,86
调用函数后数据为:10446,lisi,M,60,60,60
```

在该程序中,结构体 stu 含有四个成员:num、name、sex 和 score,分别存放学生的学号、姓名、性别和三门课程的成绩。main()函数调用函数 fun()时,将四个成员作为实参。从中可以看出调用函数 fun()前后的输出结果存在一些差别。

实参 stu. num 和 stu. sex 传递给形参的是该成员的值,所以函数 fun()对形参 num 和 sex 的修改不会影响实参 stu. num 和 stu. sex 的值。实参 stu. name 和 stu. score 是数组名,传递给形参的是数组的首元素地址,实参和形参指向同一个数组,所以函数 fun()通过形参 name 和 s 对其指向的数组内容进行了修改,也就是修改了实参 stu. name 和 stu. score 各个数组元素的值。

通过程序清单 10-5 的输出结果可以看出,这种参数传递方式破坏了结构体的完整性。

10.4.2 结构体变量作函数参数

用结构体变量作实参,对应的形参应该是相同类型的结构体变量。这样,实参和形参分别是一个结构体,实参将各个成员的值传递给形参的对应成员。被调函数执行过程中,形参的值发生了改变,其对应的实参的值则不会改变。

下面通过一个程序实例,了解这种参数传递方式的使用方法。

【例 10-7】 结构体变量作函数参数,见程序清单 10-7。

程序清单 10-7

```
1    #include <stdio.h>
2    #include <string.h>
3    struct student {
4         int num;
5         char name[20];
6         char sex;
7         int score[3];
8    };
9    void fun(struct student stu) {
10        stu.num= 10447;
```

```
11        strcpy(stu.name, "lisi");
12        stu.sex='W';
13        stu.score[0]=60;
14        stu.score[1]=60;
15        stu.score[2]=60;
16 }
17 int main() {
18        struct student stu;
19        stu.num=10446;
20        strcpy(stu.name, "zhangsan");
21        stu.sex= 'M';
22        stu.score[0]=78;
23        stu.score[1]=96;
24        stu.score[2]=86;
25        printf("调用函数前数据为:%d,%s,%c,%d,%d,%d\n", stu.num, stu.name,
             stu.sex,stu.score[0], stu.score[1], stu.score[2] );
26        fun(stu);
27        printf("调用函数后数据为:%d,%s,%c,%d,%d,%d\n", stu.num, stu.name,
             stu.sex,stu.score[0], stu.score[1],stu.score[2] );
28        return 0;
29 }
```

程序执行后的输出结果如下。

```
调用函数前数据为:10446,zhangsan,M,78,96,86
调用函数后数据为:10446,zhangsan,M,78,96,86
```

在程序中,实参为结构体变量 stu,函数调用时,将该结构体的成员值都传递给形参 stu 的各个成员。函数 fun()仅更改了形参 stu 的各个成员的值,实参 stu 的各成员值并没有发生变化。

这种参数传递方式,将结构体作为一个整体进行传递,并且被调函数对结构体的修改不会破坏原结构体的数据。

10.4.3 指向结构体的指针作函数参数

在使用指向结构体的指针作为实参时,对应的形参也应定义为结构体指针类型。实参传递给形参的是一个结构体的地址,也就意味着实参和形参指向同一个结构体,在被调函数执行过程中,通过形参可以访问该结构体,对该结构体做的任何改变,都意味着改变了实参所指向的结构体的值。

下面通过一个程序实例,了解这种参数传递方式的使用方法。

【例 10-8】 修改例 10-7 的程序,使用结构体指针做函数参数,见程序清单 10-8。

程序清单 10-8

```
1    #include <stdio.h>
2    #include <string.h>
```

```
3   struct student {
4       int num;
5       char name[20];
6       char sex;
7       int score[3];
8   };
9   void fun(struct student *p) {
10      p->num= 10447;
11      strcpy(p->name, "lisi");
12      p->sex='W';
13      p->score[0]=60;
14      p->score[1]=60;
15      p->score[2]=60;
16  }
17
18  int main() {
19      struct student stu,*p;
20      stu.num=10446;
21      strcpy(stu.name, "zhangsan");
22      stu.sex= 'M';
23      stu.score[0]=78;
24      stu.score[1]=96;
25      stu.score[2]=86;
26      printf("调用函数前数据为:%d,%s,%c,%d,%d,%d\n",
27          stu.num, stu.name, stu.sex, stu.score[0], stu.score[1], stu.score[2] );
28      p=&stu;
29      fun(p);      /*也可以使用 fun(&stu); */
30      printf("调用函数后数据为:%d,%s,%c,%d,%d,%d\n", stu.num, stu.name, stu.
        sex, stu.score[0], stu.score[1],stu.score[2] );
31      return 0;
32  }
```

程序执行后的输出结果如下。

```
调用函数前数据为:10446,zhangsan,M,78,96,86
调用函数后数据为:10447,lisi,W,60,60,60
```

程序中,实参 p 和形参 p(实参和形参名称可以相同,但是两个不同的变量)均是结构体的指针类型。实参向形参传递的是地址,实参、形参指向同一个结构体,如图 10-5 所示。

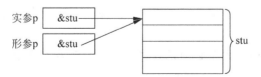

图 10-5 结构体指针作为函数参数

10.5 共 用 体

共用体又称联合体,是将不同的数据类型组合在一起,共同占用同一段内存的用户自定义数据类型。一个共用体所占存储空间长度等于其最长成员的存储空间长度。灵活地使用共用体可以减少程序使用的内存。

10.5.1 共用体类型和变量的定义

共用体类型的定义方法与结构体类似,只是关键字为 union。共用体类型的定义形式如下。

```
union 共用体类型名称
{
    数据类型 成员名 1;
    数据类型 成员名 2;
    ⋮
    数据类型 成员名 n;
};
```

共用体变量的定义和结构体变量的定义类似,例如:

```
union number
{
    int x;
    char c;
    float y;
};
union number n1;
```

其中,n1 为共用体变量,包含三个成员 x、c 和 y,注意,三个成员共享同一块内存,具有相同的内存地址。成员 x 需要 4 个字节的存储空间,成员 c 需要 1 个字节的存储空间,成员 y 需要 4 个字节的存储空间,因此,共用体变量 n1 共占用 4 个字节的存储空间,其中可以存放一个整数或一个字符或一个实数,如图 10-6 所示。

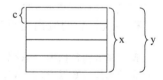

图 10-6　共用体变量的存储空间

共用体变量的内存分配同样需要满足"字节对齐"的机制,必须符合下列两项准则。

(1) 共用体变量的内存必须大于或等于其成员变量中最大数据类型(包括基本数据类型和数组)的大小。

(2) 共用体变量的内存大小必须是其成员变量中最宽基本数据类型的整数倍,如果不是,编译器会在成员之后加上填充字节。

例如,定义以下共用体类型。

```
union data{
```

```
    int x;
    char str[10];
    double d;
};
```

则共用体的内存大小 sizeof(union data)的计算结果是 16。因为其成员中 str 数组具有最大
数据类型，占用 10 个字节的内存；成员 double d 具有最宽基本数据类型，占用 8 个字节的
内存空间；按照字节对齐的准则，共用体的内存大小必须大于或等于 10 个字节且必须是
8 个字节的整数倍，所以共用体的内存大小是 16 个字节，其中包含 6 个填充字节。

10.5.2　共用体变量的初始化和引用

在定义共用体变量时，只能用第一个成员的类型值进行初始化，共用体变量初始化的方
式如下。

union 共用体类型名 共用体变量 = { 第一个成员的类型值 };

例如：

```
union number
{
    int x;
    char c;
    float y;
};
union number n1={10};
```

此时共用体变量 n1 的成员 x 的值为 10。

共用体变量的引用方式与结构体类似，都是使用成员运算符"."引用其成员。但两者是
有区别的，在程序执行的任何特定时刻，结构体变量中的所有成员是同时驻留在该结构体变
量所占用的内存空间中，而共用体变量仅有一个成员驻留在共用体变量所占用的内存空间
中。共用体变量中最后一次存放的成员的值会覆盖以前存放的成员的值。例如：

```
n1.x=20;
n1.y=2.5;
```

顺序完成以上两条语句后，只有 n1.y 是有效的，n1.x 是无效的。

10.6　本 章 小 结

本章介绍了 C 语言中的结构体和共用体两种用户自定义数据类型。其中，结构体允许
将若干个相关的数据类型不同的数据作为一个整体处理，并且每个数据各自具有不同的内
存空间；而共用体中所有的成员共享同一段内存空间。

使用结构体的一般步骤：结构体类型的定义，结构体类型的重命名(typedef 关键字，可
以省略)，结构体变量的定义、结构体变量的初始化和结构体变量的引用。注意不能对结构

体变量进行整体操作,必须细化到成员级别才可以操作。访问结构体变量成员的两种方法是:成员访问法(变量.成员)和指针访问法(指针->成员)。

练 习 题

一、选择题

1. 设有以下说明语句,则叙述不正确的是(   )。

```
struct stu{
    int a;
    float b;
}student;
```

    A. struct 是结构体类型的关键字

    B. struct stu 是用户定义的结构体类型

    C. stutent 是用户定义的结构体类型名

    D. a 和 b 都是结构体成员名

2. 在说明一个结构体变量时系统分配给它的存储空间是(   )。

    A. 该结构体中第一个成员所需的存储空间

    B. 该结构体中最后一个成员所需的存储空间

    C. 该结构体中占用最大存储空间的成员所需的存储空间

    D. 该结构体中所有成员所需的存储空间的总和

3. 在说明一个共用体变量时,系统分配给它的存储空间是(   )。

    A. 该共用体中第一个成员所需的存储空间

    B. 该共用体中最后一个成员所需的存储空间

    C. 该共用体中占用最大存储空间的成员所需的存储空间

    D. 该共用体中所有成员所需的存储空间的总和

4. 设有如下定义:

```
struct sk{
    int a;
    float b;
}data,*p;
```

若有 p=&data;,则对 data 中的 a 成员的正确引用是(   )。

    A. (*p).data.a   B. (*p).a   C. p->data.a   D. p.data.a

5. 设有如下定义:

```
struct person{
    char name[9];
    int age;
};
struct person class[10]={"Johu",17,"Paul",19,"Mary",18,"Adam",16};
```

根据上述定义,能输出字母 M 的语句是(   )。

    A. printf("%c\n",class[3].name);

    B. printf("%c\n",class[3].name[1]);

    C. printf("%c\n",class[2].name[1]);

    D. printf("%c\n",class[2].name[0]);

6. 下面程序的输出是( )。

```
int main() {
    struct cmplx{
        int x;
        int y;
    }cnum[2] = {1,3,2,7};
    printf("%d\n",cnum[0].y/cnum[0].x * cnum[1].x);
    return 0;
}
```

    A. 0   B. 1   C. 3   D. 6

7. 设有以下定义：

```
typedef struct NODE{
    int num;
    struct NODE *next;
}OLD;
```

则以下叙述中正确的是( )。

    A. 以上的说明形式非法   B. NODE 是一个结构体类型

    C. OLD 是一个结构体类型   D. OLD 是一个结构体变量

8. 设有以下说明和定义语句：

```
struct student{
    int age;
    char num[8];
};
struct student stu[3]={{20,"200401"},{21,"200402"},{19,"200403"}};
struct student *p=stu;
```

则以下选项中引用结构体变量成员的表达式错误的是( )。

    A. (p++)->num   B. p->num

    C. (*p).num   D. stu[3].age

9. 以下对结构变量 stu1 中成员 age 的非法引用是( )。

```
struct student{
    int age;
    int num;
}stu1,*p;
p=&stu1;
```

    A. stu1.age   B. student.age   C. p->age   D. (*p).age

10. 若需要存放 100 个学生的数据,包括学号、姓名、成绩,则如下的定义中不正确的是(　　)。

A.　struct student{
　　　int sno;
　　　char name[20];
　　　float score;
　　}stu[100];

B.　struct student stu[100]{
　　　int sno;
　　　char name[20];
　　　float score
　　};

C.　struct{
　　　int sno;
　　　char name[20];
　　　float score;
　　}stu[100];

D.　struct student{
　　　int sno;
　　　char name[20];
　　　float score;
　　};
　　struct student stu[100];

二、编程题

1. 有 10 个学生,每个学生的信息包括学号、姓名、3 门课的成绩,用键盘输入 10 个学生的数据并存入结构体数组,要求输出个人总分最高的学生的信息(包括学号、姓名、3 门课成绩、总分)。

2. 已知结构体类型定义如下。

```
struct user{
    char name[20];
    char num[10];
};
```

输入 5 位用户的姓名和电话号码,按姓名的拼音顺序排列后(姓名相同保持原位置),输出用户的姓名和电话号码。

3. 一个班有 n 名学生,每个学生的数据包括学号、姓名、性别、2 门课的成绩,现用键盘输入这些数据,要求:

(1) 输出每个学生 2 门课的平均分。

(2) 输出每门课的全班平均分。

4. 定义一个结构体变量(包括年、月、日),计算该日在本年中为第几天(注意考虑闰年问题)。要求写一个函数 days(),实现上面的计算。由 main() 函数将年、月、日传递给 days()函数,计算后将结果传递回主函数输出。

5. 输入两个复数,输出两个复数的和。

6. 编写一个函数,利用结构体计算两个日期之间差几天。

7. 定义一个描述学生基本信息的结构,包括姓名、学号、籍贯、身份证号、年龄、家庭、住址、性别、联系方式等,并定义一个结构体数组。

(1) 编写函数 input(),输入基本信息(3~5 条记录)。

(2) 编写函数 print(),输出全体记录信息。

(3) 编写函数 search(),检索一个指定的学生信息并返回,由主函数打印到屏幕上。

第11章 文件操作

计算机中待处理的数据通常是以文件的形式存储在存储设备中。C语言提供了丰富的文件操作函数,实现数据文件的读/写操作。本章介绍如何通过C语言的库函数进行文件操作。11.1节介绍文件以及文件指针的概念;11.2节讨论文件打开和关闭操作的实现;11.3节和11.4节分别讨论文本文件和二进制文件的读/写操作;11.5节专门讨论文本文件的格式化读取和写入操作的实现;11.6节介绍随机读/写文件的实现;11.7节是对本章知识点的总结。

11.1 文 件 概 述

11.1.1 文件的概念

熟悉Windows操作系统的读者对"文件"的概念一定不陌生。记录在外部存储介质上的数据的集合称为"文件"。文件管理是操作系统的主要功能之一,操作系统以文件为单位对数据进行管理。每个文件都有唯一的文件标识,包括文件所在路径、文件名和扩展名。文件路径表明文件的存储位置,而扩展名标识文件的性质,如文本文件的扩展名为.txt,C语言程序的源文件扩展名为.c,可执行程序的文件的扩展名为.exe等。

11.1.2 数据文件的存储形式

数据文件根据数据组织形式分为两类。

(1)文本文件。文本文件存储的是字符的原生编码,如ASCII码,即数据都被看成字符,存储其对应的编码码值。

例如,字符串"hello"在文本文件中存储时,存储的是字符串中各个字符的ASCII码值;整数16818在文本文件中存储时,会把各位数字作为数字字符,存储其对应的ASCII码值。

(2)二进制文件。二进制文件存储的是数据的二进制信息,数据不经过任何转换,按计算机内部的存储形式直接存储在磁盘上。

例如,整数16818在二进制文件中存储时,会把其直接转换为二进制形式 00000000 00000000 01000001 10110010 存放(假设整数占4个字节)。

由以上的描述可以看出,对于同样的数据,以字符形式存放通常会占用更多的空间,而且在处理数据时需要进行字符编码和二进制形式的转换,耗费转换时间。但在文本文件中1个字节存储一个字符,便于对字符进行逐个处理,也便于输出字符。

11.1.3　文件指针

C语言中文件的操作是通过文件指针来实现的,该指针为指向 FILE 类型的指针。FILE 类型是在 stdio.h 头文件中定义的一种结构体类型,该结构体类型包含一些成员用来描述文件的名字、状态、位置等信息。文件指针就是指向一个 FILE 结构体类型的指针变量。文件指针变量的定义格式如下。

```
FILE *变量名;
```

例如,以下语句定义文件指针变量 fp。

```
FILE *fp;
```

其中,变量 fp 是一个指向 FILE 类型数据的指针,可以通过 fp 访问某个数据文件。值得注意的是,此时 fp 并未与任何文件建立联系,需要调用 fopen()函数使 fp 指针与某个文件建立联系。

11.2　文件的打开与关闭

定义文件指针 fp 后还需要调用文件的打开函数建立 fp 与数据文件的联系,然后对文件进行读/写操作。对该文件操作结束后,应及时调用文件关闭函数并关闭该文件。

11.2.1　打开文件

操作文件之前需要打开文件。所谓打开文件,就是调用 fopen()函数使文件指针与文件建立关联。fopen()函数的函数原型如下。

```
FILE *fopen(char *filename , char *mode);
```

各参数说明如下。

(1) filename:该参数是一个字符串,用于指定要打开的文件。例如,"abc.txt"表示打开当前工作目录下的 abc.txt 文件,"c:\\clanguage\\test.dat"表示打开 C 分区下 clanguage 目录下的 test.dat 文件。注意不能使用"c:\clanguage\test.dat",因为 C 语言会把\t 作为转义字符处理。

(2) mode:该参数是一个字符串,指定文件的打开方式。根据文件的存储形式和对文件的读写操作的不同,文件打开方式如表 11-1 所示。

表 11-1　文件打开方式

mode 字符串	含　　义
"r"	以只读方式打开一个文本文件用于读取数据,如果文件不存在则打开失败
"w"	以写方式创建一个文本文件用于写数据,如果文件不存在,则创建一个新文件;如果文件已存在,则清空文件原有内容,重写文件

续表

mode 字符串	含 义
"a"	以追加方式打开或新建一个文本文件用于追加数据(在文件末尾开始追加数据)
"r+"	以读取写入方式打开一个已存在的文本文件用于读数据和写数据,如果文件不存在则打开失败
"w+"	以写入更新方式打开或新建一个文本文件用于读数据和写数据,如果文件不存在,则新建一个文件;如果文件已经存在,清空文件原有内容,重写文件
"a+"	以追加方式打开或新建一个文本文件用于读数据和追加数据(在文件末尾开始追加数据)
"rb"	以只读方式打开一个已存在的二进制文件用于读数据,如果文件不存在则打开失败
"wb"	以只写方式打开或新建一个二进制文件用于写数据,如果文件不存在,则新建一个文件;如果文件已存在,清空文件原有内容,重写文件
"ab"	以追加方式打开或新建一个二进制文件用于追加数据(在文件末尾开始追加数据)
"rb+"	以读取写入方式打开一个已存在的二进制文件用于读数据和写数据,如果文件不存在则打开失败
"wb+"	以写入更新方式打开或新建一个二进制文件用于读数据和写数据,如果文件不存在,则新建一个文件;如果文件已存在,清空文件原有内容,重写文件
"ab+"	以追加方式打开或新建一个二进制文件用于读数据和追加数据(在文件末尾开始追加数据)

在设计程序时,需要根据对文件操作的不同,选择相应的打开方式。如果打开方式选择不正确可能会导致文件原有数据丢失,或者无法打开文件。fopen()函数的返回值为指向FILE 的文件指针。如果文件正常打开,则返回该文件的文件指针;如果文件打开失败,则返回 NULL。当执行 fopen()函数打开文件后,通常判断文件的打开结果是否正常。

【例 11-1】 打开一个文本文件,见程序清单 11-1。

程序清单 11-1

```
1    #include <stdio.h>
2    #include <stdlib.h>
3    int main() {
4        FILE *fp;                    //定义文件指针
5        fp = fopen("data.txt", "r");  //调用 fopen()函数以只读方式打开文件
6        if(fp == NULL) {             //如果文件打开失败
7            printf("文件 data.txt 打开失败!\n");
8            exit(EXIT_FAILURE);
9        }
10       return 0;
11   }
```

本程序以只读方式打开名为 data. txt 的文本文件,如果文件打开失败则打印"文件data. txt 打开失败",并执行 exit(EXIT_FAILURE);语句以结束程序的运行。exit()函数是在系统头文件 stdlib. h 中声明的一个库函数,其作用是终止正在执行的程序,并将参数作为状态码返回操作系统。参数用于说明程序终止时的状态,EXIT_FAILURE 是在 stdlib. h

中定义的符号常量(其值为1),说明程序是异常终止。

11.2.2 关闭文件

当对文件的读/写操作完成后,必须将文件关闭。关闭文件可调用 fclose()函数实现。关闭文件就是断开由 fopen()函数建立的文件指针与文件之间的联系。

fclose()函数的函数原型如下。

```
int fclose(FILE *fp);
```

其中,文件指针变量 fp 已经存在,即已使用 fopen()函数打开了一个文件,并使该指针变量指向该文件。函数的返回值是一个整数,如果成功关闭文件则返回 0,否则返回 EOF。

【例 11-2】 关闭文件,见程序清单 11-2。

程序清单 11-2

```
1    #include <stdio.h>
2    #include <stdlib.h>
3    int main()
4    {
5        FILE * fp;                    //定义文件指针
6        fp = fopen("data.txt", "r");  //调用 fopen()函数以只读方式打开文件
7        if(fp == NULL)                //如果文件打开失败
8        {
9            printf("文件 data.txt 打开失败!\n");
10           exit(EXIT_FAILURE);
11       }
12       fclose(fp);                   //关闭文件
13       return 0;
14   }
```

11.3 文本文件的读/写

文件打开之后,从文件中读取数据或把数据写入文件的操作需要调用文件读/写函数来完成。文件读/写操作分为两种形式:一是以文本形式进行读/写;二是以二进制形式进行读/写。

11.3.1 读单字符函数 fgetc()

如果希望从文本文件中读取一个字符,可以使用 fgetc()函数实现。fgetc()函数的函数原型如下。

```
int fgetc(FILE * fp);
```

其中,fp 是文件指针变量。函数返回值是整数,如果正确地从文件中读出一个字符,则返回该字符;如果读取失败则返回 EOF。

【例 11-3】 把文件 data.txt 中的数据打印到屏幕,见程序清单 11-3。

程序清单 11-3

```
1    #include <stdio.h>
2    #include <stdlib.h>
3    int main(){
4        char ch;
5        FILE * fp = fopen("d:\\data.txt", "r");
6        if(fp == NULL) {
7             printf("文件 data.txt 打开失败!\n");
8             exit(EXIT_FAILURE);
9        }
10       ch = fgetc(fp);
11       while(ch != EOF) {
12            putchar(ch);
13            ch = fgetc(fp);
14       }
15       fclose(fp);
16
17       return 0;
18   }
```

11.3.2 写单字符函数 fputc()

fputc()函数可以把指定字符写入字符文件。fputc()函数的函数原型如下。

```
int fputc(int ch, FILE * fp);
```

fputc()函数的功能是把整数 ch 转换成无符号的字符写入文件指针 fp 所指向的文件,函数返回值是整数,如果写入成功则返回刚写入的字符,否则返回 EOF。

【例 11-4】 向文件中写入一个字符串,见程序清单 11-4。

程序清单 11-4

```
1    #include <stdio.h>
2    #include <stdlib.h>
3    int main() {
4        char str[] = "I'm a student";
5        int i = 0;
6        FILE * fp = fopen("d:\\data.txt", "w");
7        if (fp == NULL) {
8             printf("文件 d:\\data.txt 打开失败!\n");
9             exit(EXIT_FAILURE);
```

```
10              }
11      while(str[i]) {
12              fputc(str[i], fp);
13              i++;
14      }
15      fclose(fp);
16      return 0;
17  }
```

fgetc()函数和fputc()函数每次只能读/写一个字符,如果需要读/写多个字符必须使用循环进行多次读/写操作,这种操作方式效率较低。C语言还提供了两个字符串读/写函数,即 fgets()和 fputs()。

11.3.3 读字符串函数 fgets()

fgets()函数能够从指定的文件中连续读取多个字符。fgets()函数的函数原型如下。

```
char * fgets (char * str, int num, FILE * fp);
```

其中,str 表示指向存储所读取的字符串的内存首地址;num 表示读取的字符个数的最大值;fp 表示指向要读取的文件的文件指针。fgets()函数的功能是从文件指针 fp 所指向的文件中连续读取 num−1 个字符,将读出的字符串放置到首地址为 str 的内存区域。fgets()函数将逐个读入字符,最多读取 num−1 个字符,第 num 个字符为'\0'。如果没有读完num−1 个字符前就遇到换行符(或到达文件末尾)则结束操作。如果 fgets()函数读入了换行符,那么换行符会和其他字符一起存储。最后,fgets()函数会在读出的字符串末尾加上一个'\0'作为结束标志。函数返回值是指向字符的指针,如果读取成功,返回 str 的值,否则返回 NULL。

【例 11-5】 从文件中读取一个字符串,见程序清单 11-5。

程序清单 11-5

```
1   #include <stdio.h>
2   #include <stdlib.h>
3   int main() {
4       char str[30];
5       FILE * fp = fopen("d:\\data.txt", "r");
6       if (fp == NULL) {
7               printf("文件 d:\\data.txt 打开失败!\n");
8               exit(EXIT_FAILURE);
9       }
10      while(fgets(str, 30, fp) != NULL) {
11              printf("%s", str);
12      }
13      fclose(fp);
14      return 0;
15  }
```

11.3.4　写字符串函数 fputs()

fputs()函数能够将一个字符串写入指定的文件。fputs()函数的函数原型如下。

```
int fputs(const char *str, FILE *fp);
```

其中,str 表示指向被写入文件的字符串的首地址;fp 表示指向文件的文件指针。函数返回值是整数,如果写入成功,则返回一个非负整数;否则返回 EOF。

【例 11-6】　向文件中写入一个字符串,见程序清单 11-6。

程序清单 11-6

```
1    #include <stdio.h>
2    #include <stdlib.h>
3    int main() {
4        char str[50] = "Hello, C programming language!";
5        FILE *fp = fopen("d:\\data.txt", "w");
6        if (fp == NULL) {
7            printf("文件 d:\\data.txt 打开失败!\n");
8            exit(EXIT_FAILURE);
9        }
10       fputs(str, fp);
11       fclose(fp);
12       return 0;
13   }
```

11.4　二进制文件的读/写

前面介绍的 fgetc()、fgets()、fputc()和 fputs()函数只能从字符文件中读/写字符型数据,是对文本文件的读/写。然而,计算机中的文件实际上是以二进制的格式存储在磁盘上,而二进制数据不能以字符的形式进行读/写。C 语言提供了 fread()及 fwrite()函数实现对二进制数据文件的读/写操作。

11.4.1　读数据块函数 fread()

fread()函数能够以二进制的形式从文件中读取数据。fread()函数的函数原型如下。

```
unsigned int fread(void *ptr, unsigned int size, unsigned int count, FILE *fp);
```

其中,ptr 表示指向要接收数据的内存空间的指针,该内存空间大小至少是 size * count 字节;size 是以字节为单位的单个数据块的大小;count 是要读取的数据块的个数;fp 表示指向文件的文件指针。函数的返回值为成功读取的数据块的个数,其类型为无符号类型。

【例 11-7】　从文件中读取多个数据块,见程序清单 11-7。

程序清单 11-7

```
1    #include <stdio.h>
2    #include <stdlib.h>
3    struct Student{
4        char s_name[20];
5        int s_age;
6        float s_score;
7    };
8    int main() {
9        int i;
10       struct Student stu[5];
11       FILE *fp = fopen("d:\\student.dat", "rb");
12       if (fp == NULL) {
13           printf("文件 d:\\student.dat 打开失败!\n");
14           exit(EXIT_FAILURE);
15       }
16       fread(stu, sizeof(struct Student), 5, fp);
17       printf(" 姓名 年龄 成绩\n");
18       for(i = 0; i < 5; i++) {
19           printf("%-14s%-6d%.1f\n", stu[i].s_name, stu[i].s_age, stu[i].s_
             score);
20       }
21       fclose(fp);
22       return 0;
23   }
```

该程序的功能是从文件 d：\student.dat 中连续读取 5 个数据块,每个数据块的大小是 sizeof(struct Student)个字节,读出后存放在结构体数组 stu 中,并在屏幕上输出这些数据。

11.4.2　写数据块函数 fwrite()

fwrite()函数能够把数据以二进制的形式写入文件。fwrite()函数的函数原型如下。

```
unsigned int fwrite(const void *ptr, unsigned int size, unsigned int count, FILE *
fp);
```

其中,ptr 表示待写入文件的数据的内存空间的首地址;size 表示待写入的数据块的大小;count 表示待写入的数据块的个数;fp 表示指向数据文件的文件指针。函数返回值是无符号整数,返回成功写入文件的数据块的个数。

【例 11-8】　把结构体数组 stu 中的数据以二进制格式写入文件,见程序清单 11-8。

程序清单 11-8

```
1    #include <stdio.h>
2    #include <stdlib.h>
3    struct Student {
4        char s_name[20];
```

```
5          int s_age;
6          float s_score;
7      };
8      int main() {
9          struct Student stu[5] = {
10             {"zhangLiLi", 19, 78},
11             {"SunYan", 20, 80},
12             {"LiYu", 18, 70},
13             {"zhaoJuan", 19, 90},
14             {"YangDong", 21, 85},
15         };
16         FILE *fp = fopen("d:\\student.dat", "wb");
17         if (fp == NULL) {
18             printf("文件d:\\student.dat打开失败!\n");
19             exit(EXIT_FAILURE);
20         }
21         fwrite(stu, sizeof(struct Student), 5, fp);
22         fclose(fp);
23         return 0;
24     }
```

本例中,待写入文件的数据存储在数组 stu 中,调用 fwrite()函数时把 stu 转化为 void * 指针,待写入文件的每个数据块的大小是 sizeof(struct Student),写入的数据块的个数是 5。

11.5 文件的格式化读/写

格式化读/写函数 scanf()和 printf()可以按照指定格式从控制台输入数据、向控制台输出数据。C 语言提供了 fscanf()函数和 fprintf()函数从文件中以指定的格式读取和写入数据。

11.5.1 格式化文件读函数 fscanf()

fscanf()函数按照指定的格式从文件中读取数据。fscanf()函数的函数原型如下。

```
int fscanf(FILE *fp, const char *format, ...);
```

其中,fp 是指向文件的文件指针;字符串 format 指定了数据的读取格式。函数返回值是整数,如果函数调用成功,返回值是输入的数据的个数;否则返回 EOF。

【例 11-9】 用格式化读数据的方式读取数据,见程序清单 11-9。

程序清单 11-9

```
1   #include <stdio.h>
2   #include <stdlib.h>
```

```
3    struct Student {
4        char s_name[20];
5        int s_age;
6        float s_score;
7    };
8    int main() {
9        int i;
10       struct Student stu[5];
11       FILE *fp = fopen("d:\\student.txt", "r");
12
13       if (fp == NULL) {
14           printf("文件 d:\\student.txt 打开失败!\n");
15           exit(EXIT_FAILURE);
16       }
17       for(i = 0; i < 5; i++) {
18           fscanf(fp, "%s%d%f", stu[i].s_name, &stu[i].s_age,
19               &stu[i].s_score);
20       }
21       printf(" 姓名 年龄 成绩\n");
22       for(i = 0; i < 5; i++) {
23           printf("%-14s%-6d%.1f\n", stu[i].s_name, stu[i].s_age,
24               stu[i].s_score);
25       }
26       fclose(fp);
27
28       return 0;
29   }
```

数据文件 student.txt 中有 5 行文本,每一行包括 3 个数据,分别表示一个学生的姓名、年龄及考试成绩。每行数据可以用 fscanf()函数按指定格式读入到一个 struct Student 类型的数组元素。

11.5.2 格式化文件写函数 fprintf()函数

fprintf()函数可以按指定格式向文件中写入多种类型的数据。fprintf()函数的函数原型如下。

```
int fprintf(FILE *fp, const char *format, ...);
```

其中,fp 是指向文件的文件指针;字符串 format 指定了数据的写入格式。函数返回值是整数,如果函数调用成功,返回值是输出的数据的个数;否则返回 EOF。

【例 11-10】 以格式化写方式向文件中写入数据。

程序清单 11-10

```
1    #include <stdio.h>
2    #include <stdlib.h>
3    struct Student {
```

```
4          char s_name[20];
5          int s_age;
6          float s_score;
7      };
8      int main() {
9          int i;
10         struct Student stu[5] = {
11             {"zhangLiLi", 19, 78},
12             {"SunYan", 20, 80},
13             {"LiYu", 18, 70},
14             {"zhaoJuan", 19, 90},
15             {"YangDong", 21, 85},
16         };
17         FILE *fp = fopen("d:\\student.txt", "w");
18         if (fp == NULL) {
19             printf("文件 d:\\student.dat 打开失败!\n");
20             exit(EXIT_FAILURE);
21         }
22         fprintf(fp, "姓名 年龄 成绩\n");
23         for(i = 0; i < 5; i++) {
24             fprintf(fp, "%-14s%-6d%.1f\n", stu[i].s_name, stu[i].s_age,
25                 stu[i].s_score);
26         }
27         fclose(fp);
28         return 0;
29     }
```

11.6　文件的随机读/写

在实际应用中经常需要对文件实现随机读/写,以读取文件中指定位置的内容或者向文件中的指定位置写入数据。为此,C语言提供了随机读/写文件的功能。

实现随机读/写的关键是确定文件中读/写的位置。在打开文件时,根据文件的使用方式,文件位置指针可以指向文件的起始或末尾。例如,在使用 fopen() 函数打开一个文件,如使用 a、a+、ab、ab+ 等追加方式打开文件时,文件位置指针指向文件的末尾。以其他方式打开文件时,文件位置指针均指向文件的起始位置。

在执行读/写操作时,文件位置指针会自动推进。在实现文件的读/写之前首先确定文件位置指针的位置。本节介绍三个常用的文件位置操作函数。

(1) rewind() 函数。rewind() 函数的功能是使文件位置指针指向文件的起始位置。该函数的原型如下。

```
void rewind(FILE * fp);
```

其中,fp 是指向文件的文件指针,该函数无返回值。

(2) fseek() 函数。fseek() 函数的功能是调整文件位置指针到指定的位置。该函数的原型如下。

```
int fseek(FILE *fp, long int offset, int origin);
```

其中,fp 是指向文件的文件指针。offset 指定文件位置指针的偏移量(以字节为单位),offset 可正可负,正值表示指针向文件尾部方向偏移,负值表示指针向文件首部方向偏移。origin 表示位置指针偏移的参考位置,有以下三个宏常量值。

① SEEK_SET:参考位置是文件开头,即从文件开头进行偏移。

② SEEK_CUR:以当前位置作为参考位置,即从当前位置进行偏移。

③ SEEK_END:参考位置是文件末尾,即从文件末尾进行偏移。

宏常量 SEEK_SET、SEEK_CUR、SEEK_END 分别可以用 0、1、2 替换。

fseek()函数返回值是整数,如果函数调用成功返回 0,否则返回非 0。

(3) ftell()函数。ftell()函数的功能是取得文件位置指针的当前位置,用相对于文件开头的位移字节数表示。该函数的原型如下。

```
long int ftell(FILE *fp)
```

其中,fp 是指向文件的文件指针,函数返回值是长整数。如果函数调用成功,返回文件位置指针的当前位置;否则返回－1L。

【例 11-11】 综合使用 rewind()及 fseek()函数进行定位,见程序清单 11-11。

程序清单 11-11

```
1    #include <stdio.h>
2    #include <stdlib.h>
3    int main() {
4        FILE *fp = fopen("d:\\data.txt", "wb");
5        if (fp == NULL) {
6            printf("文件 d:\\data.txt 打开失败!\n");
7            exit(EXIT_FAILURE);
8        }
9        fputs("happy birthday!", fp);
10       rewind(fp);
11       fputc('H', fp);
12       fseek(fp, -1, SEEK_END);
13       fputs("to you!", fp);
14       fclose(fp);
15       return 0;
16   }
```

程序的功能是把"Happy birthday to you!"写入 d:\data.txt 文件。第 9 行,fputs()函数把字符串"happy birthday!"写入文件,此时文件位置指针指向文件尾。第 10 行,把文件的位置指针移动到文件头。第 11 行,在文件头输出字符'H',这样,文件中原来的第一个字符'h'就被替换为'H'。第 12 行,把文件位置指针移动到文件的末尾,第 13 行,在此位置输出字符串"to you!"。程序的执行结果如图 11-1 所示。

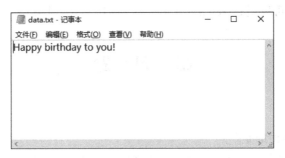

图 11-1　程序运行结果

【例 11-12】　获得文件的大小，见程序清单 11-12。

程序清单 11-12

```
1    #include <stdio.h>
2    #include <stdlib.h>
3    int main() {
4        int size;
5        FILE *fp = fopen("d:\\test.exe", "rb");
6        if (fp == NULL) {
7                printf("文件 d:\\test.exe 打开失败!\n");
8                exit(EXIT_FAILURE);
9        }
10       fseek(fp, 0, SEEK_END);
11       size = ftell(fp);
12       printf("文件大小：%d 个字节", size);
13       fclose(fp);
14       return 0;
15   }
```

程序执运行结果如下。

文件大小：152410 个字节

读者可以通过查看文件属性验证自己的运行结果是否正确。

11.7　本 章 小 结

　　计算机中处理的数据通常以文件的形式存储在存储设备中。C 语言标准输入/输出库
提供了丰富的库函数来实现文件的操作。

　　文件使用前需通过 fopen() 函数打开，并创建一个用于存储文件和缓冲信息的结构。
文件使用完毕需通过 fclose() 函数关闭。文件可以分为文本文件和二进制文件两类，其中，
文本文件可以通过 fgetc() 和 fputc() 函数按字符进行读取，也可以通过 fgets() 和 fputs() 函
数对整个字符串进行读写。对于有格式要求的文件还可以通过 fscanf() 和 fprintf() 函数实
现按格式化读取和写入。二进制文件则只能通过 fread() 和 fwrite() 进行读/写。如果想实

现文件的随机读/写,可以通过 rewind()、fseek()和 ftell()三个函数实现。

练 习 题

一、选择题

1. 以下叙述中错误的是(   )。

    A. C 语言中,对二进制文件的访问速度比文本文件快

    B. C 语言中,随机文件以二进制代码的形式存储数据

    C. 语句 FILE fp; 定义了一个名为 fp 的文件指针

    D. C 语言中,文本文件以 ASCII 码的形式存储数据

2. 有以下程序:

```c
#include<stdio.h>
int main(){
    FILE *fp;
    int i, k, n;
    fp=fopen("data.dat", "w+");
    for(i=1; i<6; i++) {
        fprintf(fp,"%d ",i);
        if(i % 3 == 0){
            fprintf(fp,"\n");
        }
    }
    rewind(fp);
    fscanf(fp, "%d%d", &k, &n);
    printf("%d %d\n", k, n);
    fclose(fp);
    return 0;
}
```

程序运行后的输出结果是(   )。

  A. 0 0   B. 123 45   C. 1 4   D. 1 2

3. 有以下程序:

```c
#include<stdio.h>
void writeStr(char  *fn,char  *str) {
    FILE  *fp;
    fp=fopen(fn,"W");
    fputs(str,fp);
    fclose(fp);
}
int main() {
    writeStr("t1.dat","start");
    writeStr("t1.dat","end");
    return 0;
}
```

程序运行后,文件 t1. dat 中的内容是(　　)。

    A. start   B. end   C. startend   D. endrt

4. 有以下程序:

```
#include <stdio.h>
int main() {
    FILE *fp1;
    fp1=fopen("f1.txt","w");
    fprintf(fp1,"abc");
    fclose(fp1);
}
```

若文本文件 f1. txt 中原有内容为"good",则运行以上程序后文件 f1. txt 中的内容为(　　)。

    A. goodabc   B. abcd   C. abc   D. abcgood

5. 有以下程序:

```
#include <stdio.h>
int main() {
    FILE *fp;
    int i, k = 0, n = 0;
    fp = fopen("d1.dat", "w");
    for(i=1;i<4;i++){
        fprintf(fp,"%d",i);
    }
    fclose(fp);
    fp=fopen("d1.dat","r");
    fscanf(fp,"%d%d",&k, &n);
    printf("%d %d\n",k,n);
    fclose(fp);
}
```

程序运行后的输出结果是(　　)。

    A. 1　2   B. 123　0   C. 1　23   D. 0　0

6. 有以下程序(程序中 fseek(fp, −2L * sizeof(int), SEEK_END);语句的作用是使位置指针从文件尾向前移 2 * sizeof(int)字节):

```
#include <stdio.h>
int main( ){
    FILE *fp;
    int i, a[4] = {1,2,3,4}, b;
    fp=fopen("data.dat","wb");
    for(i=0;i<4;i++){
        fwrite(&a[i], sizeof(int), 1, fp);
    }
    fclose(fp);
    fp=fopen("data.dat", "rb");
    fseek(fp, -2L * sizeof(int) .SEEK_END);
    fread(&b,sizeof(int),1,fp); /*从文件中读取 sizeof(int)字节的数据到变量 b 中*/
```

```
        fclose(fp);
        printf("%d\n",B) ;
    }
```

程序运行后的输出结果是( )。

    A. 2   B. 1   C. 4   D. 3

7. 若 fp 已正确定义并指向某个文件,当未遇到该文件结束标志时函数 feof(fp)的值为( )。

    A. 0   B. 1   C. −1   D. 一个非 0 值

8. 下列关于 C 语言数据文件的叙述中正确的是( )。

    A. 文件由 ASCII 码字符序列组成,C 语言只能读/写文本文件

    B. 文件由二进制数据序列组成,C 语言只能读/写二进制文件

    C. 文件由记录序列组成,可按数据的存放形式分为二进制文件和文本文件

    D. 文件由数据流形式组成,可按数据的存放形式分为二进制文件和文本文件

9. 若要打开 A 盘上 user 子目录下名为 abc. txt 的文本文件进行读/写,下面符合此要求的函数调用是( )。

    A. fopen("A:\user\abc. txt","r")

    B. fopen("A:\\user\\abc. txt","r+")

    C. fopen("A:\user\abc. txt","rb")

    D. fopen("A:\\user\\abc. txt","w")

10. 以下程序的功能是( )。

```
int main() {
    FILE *fp;
    char str[]="Beijing 2008";
    fp = fopen("file2","w");
    fputs(str,fp);
    fclose(fp);
    return 0;
}
```

    A. 在屏幕上显示"Beijing 2008"

    B. 把"Beijing 2008"存入 file2 文件中

    C. 在打印机上打印出"Beijing 2008"

    D. 以上都不对

二、编程题

1. 用键盘输入若干字符(最多不超过 80 个),将它们按照字母的大小排序,然后把排好序的字符串保存到磁盘文件中。

2. 有两个磁盘文件,各存放一行字母,要求把这两个文件中的信息合并,输出到一个新文件中。

3. 两个班的成绩分别存放在两个文件中。每个文件有多行,每行都是由空格分隔的学号、姓名和成绩。现在要将两个班的成绩合并到一起并按照成绩从高到低进行排序。如果成绩相同则按学号由小到大排序。将结果输出一个文件中。编写程序完成上述功能。

4. 文件中存储的学生信息按照班级编号升序排列,每个班级的人数可以不同,要求读取文件中所有学生的成绩,计算每个班级的平均成绩,将班级编号和平均成绩输出。

文件内容如下。

145811	fuxin	100
145811	chengxian	90
145812	zhangxue	92
145812	lijun	88
145813	ha	100
145813	hd	300
145813	hf	200

参 考 文 献

[1] Brian W. Kernighan, Dennis M. Ritchie. C 程序设计语言[M]. 徐宝文, 李志, 译. 2 版. 北京: 机械工业出版社, 2004.

[2] Stephen Prata. C Primer Plus[M]. 姜佑, 译. 6 版. 北京: 人民邮电出版社, 2016.

[3] K. N. King. C 语言程序设计: 现代方法[M]. 吕秀锋, 黄倩, 译. 北京: 机械工业出版社, 2007.

[4] 苏小红, 孙志刚, 陈惠鹏. C 语言大学实用教程[M]. 2 版. 北京: 电子工业出版社, 2010.

[5] Tom Stuar. 计算的本质: 深入剖析程序和计算机[M]. 张伟, 译. 北京: 人民邮电出版社, 2014.

ASCII 码	控制字符	ASCII 码	控制字符	ASCII 码	控制字符	ASCII 码	控制字符
0	NUT	32	(space)	64	@	96	`
1	SOH	33	!	65	A	97	a
2	STX	34	"	66	B	98	b
3	ETX	35	#	67	C	99	c
4	EOT	36	$	68	D	100	d
5	ENQ	37	%	69	E	101	e
6	ACK	38	&	70	F	102	f
7	BEL	39	'	71	G	103	g
8	BS	40	(	72	H	104	h
9	HT	41	)	73	I	105	i
10	LF	42	*	74	J	106	j
11	VT	43	+	75	K	107	k
12	FF	44	,	76	L	108	l
13	CR	45	—	77	M	109	m
14	SO	46	.	78	N	110	n
15	SI	47	/	79	O	111	o
16	DLE	48	0	80	P	112	p
17	DCI	49	1	81	Q	113	q
18	DC2	50	2	82	R	114	r
19	DC3	51	3	83	S	115	s
20	DC4	52	4	84	T	116	t
21	NAK	53	5	85	U	117	u
22	SYN	54	6	86	V	118	v
23	TB	55	7	87	W	119	w
24	CAN	56	8	88	X	120	x
25	EM	57	9	89	Y	121	y
26	SUB	58	:	90	Z	122	z
27	ESC	59	;	91	[	123	{
28	FS	60	<	92	/	124		
29	GS	61	=	93	]	125	}
30	RS	62	>	94	^	126	~
31	US	63	?	95	_	127	DEL

优先级	运算符	名称或含义	使 用 形 式	结合方向	说 明
1	[]	数组下标	数组名[整型表达式]	左到右	
	()	圆括号	(表达式)/函数名(形参表)		
	.	成员选择(对象)	对象.成员名		
	->	成员选择(指针)	对象指针->成员名		
2	-	负号运算符	-算术类型表达式	右到左	单目运算符
	(type)	强制类型转换	(纯量数据类型)纯量表达式		
	++	自增运算符	++纯量类型可修改左值表达式		单目运算符
	--	自减运算符	--纯量类型可修改左值表达式		单目运算符
	*	取值运算符	*指针类型表达式		单目运算符
	&	取地址运算符	&表达式		单目运算符
	!	逻辑非运算符	!纯量类型表达式		单目运算符
	~	按位取反运算符	~整型表达式		单目运算符
	sizeof	长度运算符	sizeof 表达式		
			sizeof(类型)		
3	/	除	表达式/表达式	左到右	双目运算符
	*	乘	表达式*表达式		双目运算符
	%	余数(取模)	整型表达式%整型表达式		双目运算符
4	+	加	表达式+表达式	左到右	双目运算符
	-	减	表达式-表达式		双目运算符
5	<<	左移	整型表达式<<整型表达式	左到右	双目运算符
	>>	右移	整型表达式>>整型表达式		双目运算符
6	>	大于	表达式>表达式	左到右	双目运算符
	>=	大于或等于	表达式>=表达式		双目运算符
	<	小于	表达式<表达式		双目运算符
	<=	小于或等于	表达式<=表达式		双目运算符
7	==	等于	表达式==表达式	左到右	双目运算符
	!=	不等于	表达式!=表达式		双目运算符
8	&	按位与	整型表达式&整型表达式	左到右	双目运算符
9	^	按位异或	整型表达式^整型表达式	左到右	双目运算符
10	|	按位或	整型表达式|整型表达式	左到右	双目运算符
11	&&	逻辑与	表达式&&表达式	左到右	双目运算符
12	||	逻辑或	表达式||表达式	左到右	双目运算符
13	?:	条件运算符	表达式1?表达式2:表达式3	右到左	三目运算符

续表

优先级	运算符	名称或含义	使 用 形 式	结合方向	说　　明
14	=	赋值运算符	可修改左值表达式＝表达式	右到左	
	/=	除后赋值	可修改左值表达式/=表达式		
	*=	乘后赋值	可修改左值表达式 * =表达式		
	%=	取模后赋值	可修改左值表达式%=表达式		
	+=	加后赋值	可修改左值表达式＋=表达式		
	-=	减后赋值	可修改左值表达式－=表达式		
	<<=	左移后赋值	可修改左值表达式<<=表达式		
	>>=	右移后赋值	可修改左值表达式>>=表达式		
	&=	按位与后赋值	可修改左值表达式 &=表达式		
	^=	按位异或后赋值	可修改左值表达式^=表达式		
	|=	按位或后赋值	可修改左值表达式|=表达式		
15	,	逗号运算符	表达式,表达式,...	左到右	从左向右顺序结合

使 用 环 境	快 捷 键	功 能
编辑代码	Ctrl＋鼠标滚轮	放大或缩小字体
	Ctrl＋Z	撤销
	Ctrl＋Shift＋Z	反悔撤销
	Tab	缩进当前行或选中块
	Shift＋Tab	减少缩进
	Ctrl＋C	复制
	Ctrl＋V	粘贴
	Ctrl＋X	剪切
	Ctrl＋A	全选
	Ctrl＋J	写完关键词（如 if、for、while）后，按 Ctrl＋J 组合被自动补全格式（格式和关键词可以在编辑器里设置）
	Ctrl＋F	查找
	Ctrl＋R	查找并替换
	Ctrl＋Shift＋C	快速注释多行
	Ctrl＋Shift＋X	取消注释多行
编译代码	Ctrl＋F9	编译
	Ctrl＋F10	运行上次成功编译后的程序
	F2	打开/关闭编译信息的窗口
	F9	编译并运行当前代码（如果编译错误会提示错误而不会运行）
代码调错	F4	运行到光标所在行
	F5	在当前光标所在行设置断点
	F7	调试过程中运行下一行代码
	F8	开始调试
文件操作	Ctrl＋N	新建文件或项目
	Ctrl＋S	保存当前文件
	Ctrl＋Shift＋S	保存所有文件
	Ctrl＋F4/Ctrl＋W	关闭当前文件
	Ctrl＋Shift＋F4 Ctrl＋Shift＋W	关闭所有文件
	Ctrl＋Tab	切换到下一个打开的文件
	Ctrl＋Shift＋Tab	切换到上一个打开的文件
	F10	全屏